U0337884

国家重点研发计划项目(2016YFC0501100,2021YFC2902104)资助
国家自然科学基金项目(51604259)资助
煤炭开采水资源保护与利用国家重点实验室开放基金项目(SHJT-16-30,2)资助

含水层采动破坏机制与
生态修复

鞠金峰　许家林　著

中国矿业大学出版社
·徐州·

内 容 提 要

本书全面介绍了覆岩采动裂隙导水流动机制及含水层生态修复方面的最新研究成果,主要内容包括:采动覆岩破断运移与导水裂隙演化的关联特性、覆岩导水裂隙主通道分布模型及其水流动特性、水-气-岩相互作用下覆岩导水裂隙自修复机制、采动裂隙人工引导自修复的含水层恢复技术,以及基于相关研究成果指导彬长等矿区开展的采动破坏含水层生态修复方面的应用与实践。

本书可供从事采矿、安全、地质等领域的科技工作者、高等院校师生和煤矿生产管理者参考。

图书在版编目(CIP)数据

含水层采动破坏机制与生态修复 / 鞠金峰,许家林
著.—徐州:中国矿业大学出版社,2022.10
ISBN 978 - 7 - 5646 - 1207 - 8

Ⅰ.①含… Ⅱ.①鞠… ②许… Ⅲ.①矿井—含水层
—采动—生态恢复 Ⅳ.①TD212

中国版本图书馆 CIP 数据核字(2019)第 203527 号

书　　名	含水层采动破坏机制与生态修复
著　者	鞠金峰　许家林
责任编辑	马晓彦
出版发行	中国矿业大学出版社有限责任公司
	(江苏省徐州市解放南路　邮编 221008)
营销热线	(0516)83885370　83884103
出版服务	(0516)83995789　83884920
网　　址	http://www.cumtp.com　**E-mail**:cumtpvip@cumtp.com
印　　刷	江苏凤凰数码印务有限公司
开　　本	787 mm×1092 mm　1/16　**印张** 10.75　**字数** 205 千字
版次印次	2022 年 10 月第 1 版　2022 年 10 月第 1 次印刷
定　　价	48.00元

(图书出现印装质量问题,本社负责调换)

前　　言

　　我国因采煤引起的覆岩含水层破坏与地下水流失问题日趋严重；大规模煤炭开发不仅造成地下水位下降、地表生态环境恶化，还极易引发煤矿突水事故，严重影响矿井的绿色、安全、高效生产。因此，开展采动破坏含水层生态修复与地下水资源保护的保水采煤理论与应用研究，是我国绿色矿山建设与矿区生态治理的迫切需求，也是煤矿绿色开采领域所需研究的重大技术难题。

　　近50年来，我国煤炭行业发展经历了由"粗放开采"到"绿色开采"再到"科学开采"的艰难过程，一定程度上也映射了保水采煤技术的发展历程。保水采煤作为煤炭开发领域的关键必备要求，已从初期单纯的矿井水害防治上升至目前的地下水保护与生态修复，由此极大地丰富了保水采煤的理论与技术体系。采动覆岩导水裂隙是导致含水层破坏与地下水流失的主要通道，合理控制导水裂隙的发育范围、限制其导流能力，是科学解决含水层保护与生态修复难题的关键。目前已有的传统做法是通过调整开采布局或改变开采工艺方法，以降低导水裂隙带的发育高度、避免含水层受采动破坏；然而，这类对策在我国西北部生态脆弱的富煤矿区却往往难以适用，含水层原位保护与煤炭高产高效开发之间的矛盾常常难以调和。因此，从其他角度研究适宜西北部富煤矿区采动含水层保护与修复的理论与方法显得十分必要。

　　作者经过系统深入的研究发现：导水裂隙的产生源于采动覆岩的破断运移及其应力演变，不同区域岩层的不同破断运动形式及其应力分布将导致不同导水流动特性的裂隙发育；因而采动地下水并非均匀地由覆岩各区域流失至井下采空区，而是存在水体流动的主通道；导水裂隙主通道分布于采区边界附近，主要由岩层破断回转引起的"V"形张拉裂隙组成。据此提出了人工限流导水裂隙主通道的含水层生态修复新思路。同时研究发现，导水裂隙在其产生后的长期演变过程中，会因裂隙面岩石矿物与地下水、CO_2等气体发生的水-气-岩相互作用，而出现水渗流能力逐步降低的自修复现象，引起亲水矿物遇水膨胀对裂隙空间的挤占，以及水-气-岩离子交换化学作用生成的铁/钙质化学沉淀或次生矿物对裂隙的充填封堵等现象发生。因此，合理调节地下水、气、岩化学环境，可实现导水裂隙的人工促进自修复。基于导水裂隙主通道分布模型及其水-气-岩耦合自修复机制,提出了以水平定向钻孔注浆封堵导水裂隙主通道、人工灌注修复试剂促进铁/钙质化学沉淀封堵岩体孔隙/裂隙、化学软化碳酸盐岩促进导水裂隙主通道自修复,以及爆破松动采区边界煤柱/体促进导水裂隙主通道自修复等四方面为思路的含水层保护与生态修复方法,为煤炭开采水资源保护与生态修复提供了重要技术支撑。本书是上述研究工作的系统总结。

本书的研究工作和出版得到了国家重点研发计划项目"东部草原区大型煤电基地生态修复与综合整治技术及示范"(项目编号:2016YFC0501100)和"煤与共伴生矿产协调开采隔水层稳定性及污染物迁移控制技术"(项目编号:2021YFC2902104)、国家自然科学基金项目"水-气-岩相互作用下覆岩导水裂隙自修复机制研究"(项目编号:51604259),以及煤炭开采水资源保护与利用国家重点实验室开放基金项目"基于导水裂隙演化的地下水库选址研究"(项目编号:SHJT-16-30.2)等项目的资助。

感谢钱鸣高院士对本书相关研究工作的指导!

感谢课题组温嘉辉、李竹、刘传振、徐敬民、杨伟民、张文波、杨静、白东尧、方志远、赵富强等研究生在现场实测和实验室模拟研究工作中所做的大量工作,感谢课题组朱卫兵、谢建林、胡国忠、王晓振、轩大洋、秦伟等老师在本书撰写过程中提供的建议与帮助。作者与大同矿区、神东矿区、彬长矿区、敏东矿区等单位合作从事科研工作中,得到各单位有关领导和工程技术人员的大力支持和帮助,在此一并表示最诚挚的感谢。

由于作者水平所限,书中难免存在不足之处,恳请同行专家和读者指正。

著 者

2022 年 7 月

目　　录

1 绪　　论

1.1　问题的提出与研究意义

我国因采煤引起的覆岩含水层破坏与地下水流失问题日趋严重;大规模煤炭开发不仅造成地下水位下降、地表生态环境恶化,还极易引发煤矿突水事故,严重影响矿井的绿色、安全、高效生产[1-5]。因此,开展采动破坏含水层生态修复与地下水资源保护的保水采煤理论与应用研究,是我国绿色矿山建设与矿区生态治理[6]的迫切需求,也是煤矿绿色开采领域所需研究的重大技术问题。

煤炭地下开采将引起上覆岩层的移动与破坏,从而在覆岩中形成导水裂隙;覆岩导水裂隙的产生既为地下水资源流失提供了通道,同时也成为地表生态退化的地质根源[1,7]。因此,研究揭示覆岩采动破坏后导水裂隙发育、发展的演变规律,掌握裂隙导水的力学机制及其水渗流特性,对于科学评价地下水资源流失程度、制定含水层的生态修复对策都具有重要指导意义。目前有关覆岩导水裂隙演化规律的研究主要集中于导水裂隙带高度的预计和探测[7-12]、开采参数与地质赋存等因素对导水裂隙动态发育的影响规律[12-17]等方面;在此基础上开展的保水采煤实践也多是从限制导水裂隙带发育高度以避免含水层受采动破坏的角度进行的[18-29],其实际属于含水层的原位保护范畴。如,王双明、范立民等[18-19]根据覆岩导水裂隙带是否波及目标含水层及其波及程度,开展了采煤对榆神矿区萨拉乌苏组地下水影响程度评价,并将榆神矿区划分为贫水开采区、保水限定开采区、可控保水开采区和自然保水开采区这 4 个分区;类似地,为了降低导水裂隙带的发育高度,许多矿区开展了基于限高、充填、条带、短壁或房柱等开采方式的保水采煤实践研究[25-29]。这类对策一定程度上满足了煤炭开采强度相对较低矿区的含水层保护要求,但对于诸如晋、陕、蒙等富煤矿区(同时又多属于生态脆弱矿区),含水层原位保护与高产高效采煤要求之间的矛盾常常难以调和,采煤对地下含水层的破坏往往难以避免[2,7],必须研究采动破坏含水层的修复技术,以最大限度地减少对环境的影响。考虑到采动导水裂隙是引起地下水流失的地质根源,因此从人工干预角度限制或隔绝其导流能力,成为解决含水层生态修复难题的另一有效途径[2,30]。

为此,一些矿区曾尝试参照底板灰岩水害防治领域较成熟的注浆堵水技术[31-38],开展了顶板破坏含水层导水裂隙通道的钻孔注浆封堵工程实验。然而,现场实践发现[39],由于顶、底板含水层在导水裂隙发育、地质赋存及其对浆体的圈闭特性等因素上存在显著差异,导致浆体"注不进""堵不住"或"成本高"等问题频发,注浆封堵效果并不理想;由此造成顶板采动含水层的注浆修复实践陷入困境。受覆岩导水裂隙发育范围广、过流通道大、动水冲蚀强且与井下空间联通性高等因素的影响,注入的水泥、水玻璃及高分子有机化学材料等封堵浆体常常难以在裂隙中有效固结,浆体涌至井下采空区的"跑浆"现象时有发生,大量注浆导致的成本过高与毒性污染等问题也屡见不鲜;而若采用砂子、石子等粗粒材料进行注浆时,又容易发生封堵材料提前在钻孔内堵塞的"架桥"现象。事实上,采动裂隙的导水存在水体流动的主通道,即地下水并非均匀地由覆岩各区域发生流失,而是大部分集中于局部区域的裂隙进行流动。因此,科学辨识导水裂隙主通道的分布范围及其发育特征,寻求利于导水裂隙主通道修复、封堵的有效措施,是顶板采动破坏含水层生态修复研究中亟待解决的关键科学问题。

许多研究与工程实践发现[1,7,40-44],煤层开采引起的破坏覆岩,在一定条件下会产生一定程度的自我修复效应,出现破碎岩块的胶结成岩、与采动裂隙的弥合甚至尖灭等现象,从而降低裂隙岩体的水渗流能力、减小导水裂隙的发育范围,并促使区域水源水位回升等。20 世纪 80 年代,厚煤层分层开采中利用"再生顶板"[40-44]进行下分层顶板管理的开采实践,即采动破坏岩体自胶结成岩的修复现象的典型代表。相关研究发现[45],上述采动覆岩破坏后的自修复降渗现象是地下水、采空区气体、破坏岩体三者的"水-气-岩"物理、化学作用与地层采动应力共同影响的结果。地下水在采动岩体裂隙通道中流动的过程中,会与采空区 CO_2 等气体以及裂隙面岩石矿物发生长期的水-气-岩相互作用,出现蒙脱石等亲水矿物的遇水膨胀,以及铁/钙质化学沉淀或次生黏土矿物等衍生物质的生成等现象;由此,在采动地层应力的压实作用下,裂隙空间将被逐步压缩,化学生成的衍生物质将吸附沉积在裂隙中并形成封堵作用,最终引起岩体裂隙导水能力的降低。受此启发,若能充分依据上述自修复现象产生机理与规律,重点针对覆岩导水裂隙主通道分布区域,采取人为干预措施(如改变地下水、气化学环境等)促进裂隙的自修复进程,这无疑为导水裂隙主通道的封堵限流与含水层生态修复提供了一条便捷途径[46-49]。

按照上述思路,本书综合采用现场实测、理论分析与模拟实验等手段,基于现场开展的采动覆岩破断运移与导水裂隙演化的关联特性钻孔实测,建立形成了覆岩导水裂隙主通道分布模型,掌握了覆岩在不同区域、不同类型发育裂隙条件下的水流动特性,揭示了地下水在采动覆岩中的流失路径空间分布特征,为导水裂隙人工封堵或促进修复的目标区域定位奠定了重要基础。基于实验室开展的水-气-岩相互作用实验,揭示了亲水矿物遇水膨胀以及化学衍生物质充填封堵等作用引起的岩体裂隙自修复机理,得到了不同化学特性地下水对不同岩性破坏岩样的降渗过程与分区特征。由此,最终形成了以水平定向钻孔注浆封堵导水裂隙主通道、人工灌注修复试剂促进铁/钙质化学沉淀封堵岩体孔隙/裂隙、化学软化碳酸盐岩促进裂隙自修复,以及爆破松动采区边界煤柱/体促进导水裂隙主通道自修复等四方面为思路的含水层保护与生态修复方法,为煤炭开采水资源保护与生态修复提供了重要理论参考。

1.2 国内外研究现状综述

1.2.1 采动覆岩导水裂隙演化及其水渗流特性相关研究现状

覆岩导水裂隙演化规律是煤炭开采过程中实施水害防治、水资源保护等措施的重要依据,国内外许多学者对此进行了研究,其中许家林课题组的研究最为系统。考虑到导水裂隙是在岩层张拉破坏或受压屈服后产生的,其发育、发展过程与采动岩层的破断运动密切相关。许家林等基于岩层控制的关键层理论[50-51],对导水裂隙随煤层开采的发育、发展动态演变规律进行了研究[7,14-15,52]。研究指出,覆岩导水裂隙的发育高度随关键层的破断运动呈台阶跳跃上升规律;仅当关键层的破断裂隙上下贯通而导水时,其所控制的岩层才产生贯通裂隙而导水,相应导水裂隙带高度跃升至上部邻近关键层底界面。所以,当覆岩中关键层位置改变时,导水裂隙的发育情况也将有所不同。由此可见覆岩导水裂隙的发育不仅与煤层开采参数有关,还与关键层的赋存特征密切相关。在关键层发生破断、回转、反向回转直至稳定的过程中,导水裂隙将经历"产生—发育—闭合"的动态变化过程[15]。若关键层破断结构在此运动过程中能稳定铰接,则裂隙易闭合;而若关键层破断结构发生滑落失稳,则导水裂隙长期存在。所以,受采动覆岩中不同区域关键层破断结构形态及其稳定性的影响,不同区域导水裂隙的发育形态及其开度将有所不同,从而造成覆岩导水裂隙带范围不同的水渗流分布。在导水裂隙带高度预计方面,为了避免《建筑物、水体、铁路及主要井巷煤柱留设与压煤开采规范》(以下简称《规范》)中统计经验公式[53]对覆岩岩性均化带来的预计误差,许家林等结合上述关键层运动对导水裂隙演化的影响规律,进一步研究提出了"基于关键层位置的导水裂隙带高度预计新方法"[8]。其具体判别流程为:根据地质勘探得到的具体覆岩柱状,采用关键层判别软件

KSPB[50-51]对覆岩进行关键层位置的判别,然后从开采煤层顶界面开始判断覆岩7～10倍采高范围外是否存在关键层。若存在,则导水裂隙带高度为7～10倍采高范围外第1层关键层底界煤层间的距离;若不存在,则导水裂隙带高度将大于或等于基岩厚度。该预计方法的可靠性也得到了皖北、阳泉、大同、神东等多个矿区现场工程实践案例的验证[7]。除此之外,还有不少学者[16-17]通过室内模拟实验对覆岩导水裂隙带高度的影响因素及其影响规律进行了研究,并推导出导水裂隙带高度的拟合计算公式;但这类方法往往不能适应复杂多变的煤层覆岩赋存条件,导致在实际工程中应用时误差较大。

对于采动裂隙岩体的水渗流特性方面,也有不少学者[54-58]开展了研究;但考虑到采动覆岩内部裂隙分布的复杂性及其发育形态的多样性,相关研究多是将覆岩整体化为破碎岩体或峰后破裂岩体进行考虑,并以非 Darcy 快速流模型或 Forchheimer 流模型进行水渗流特征的描述。例如:杨天鸿等[55-56]以采动诱发陷落柱突水为例,将含水层的 Darcy(达西)层流、破碎岩体的非 Darcy 快速流以及巷道中的 Navier-Stokes 紊流 3 个物理过程有机联系在同一流动场中,对水体由含水层突涌至井下巷道的过程进行了模拟计算,揭示了渗透性变化对于突水流动特性的影响规律。程宜康等[57]将岩石渗透实验装置与 MTS815.02 岩石力学伺服实验系统相配套,对单轴峰后给定应变状态下的岩样非 Darcy 流渗特性进行了测试,并指出单轴峰后应力状态下中砂岩的渗透率与峰前比较有量级增加,峰后渗透率随轴向应变增长呈二次抛物线关系。黄先伍等[58]利用类似的测试手段对破碎砂岩的非 Darcy 渗流特性进行了研究,并探讨了岩样孔隙率对其非 Darcy 渗流 β 因子影响规律;认为破碎岩石的渗透特性主要由孔隙率决定,孔隙率不仅与当前的应力有关,而且取决于加载历史;水在破碎砂岩中的渗流一般不服从 Darcy 定律,而服从 Forchheimer 关系,特别是在小孔隙率下,非 Darcy 性将更为突出;渗透率、非 Darcy 流 β 因子与孔隙率之间的关系可用幂函数拟合。

事实上,采动覆岩导水裂隙中除了有岩层峰后破坏的压剪裂隙外,还存在大量因岩层破断回转运动产生的张拉裂隙;这两者在覆岩中的空间分布特征及其发育形态存在着明显差别,导致其导水流动状态与峰后破裂岩体或破碎岩体存在本质区别。因此,单纯以破碎或峰后破裂岩体作为研究对象,难以全面、准确地揭示覆岩不同区域、不同类型导水裂隙的导流特性。检索发现,在水利、边坡、隧洞、核废料地下处置、油气储藏等岩土工程领域,已有不少学者针对单一贯通裂隙岩样的水渗流特性开展了研究。研究发现[59-60],裂隙岩体的水渗流特性主要受裂隙开度、裂隙内充填物及粗糙度、岩体应力环境等因素的影响,而对于深部裂隙岩体,还需考虑高水压和高地温的影响;总体而言,裂隙岩体的过流能力随应力的增加而减小,且应力相对于裂隙面的方向不同时,对其过流能力的影响也有所不同[61-63];水渗流过程中,岩体裂隙粗糙度会受到水力冲蚀、溶解和剪切力破坏而降低,从而改变裂隙的过流能力[64-65],尤其是在高水头作用下,岩体中的裂隙等弱面将受水力劈裂作用而进一步扩展,导致岩体的渗流能力显著提高[66]。同时,地层高温能修补和封闭岩石中的裂隙缺陷,从而导致岩石的渗透性降低[67-68]。

上述研究成果为掌握采动覆岩导水裂隙的水流动特性奠定了重要理论基础,但由于相关研究仅局限于实验室单一特定裂隙岩样的水渗流特征,难以全面反映采动覆岩整体的导水流动及其水流失路径分布特征。因此,基于采动覆岩导水裂隙的发育特征与分布规律,开展覆岩中不同区域、不同类型裂隙在不同发育形态下的导水流动特性研究显得十分必要。

1.2.2 采动破坏岩体的自修复相关研究现状

自修复现象是自然界万物变迁的普遍规律,采煤塌陷区形成的破坏地层亦是如此。目前,已有部分学者对煤层采动破坏后的自修复现象开展了研究(虽然一些研究中并未提及"自修复"这一概念,但其内涵基本一致),相关研究现状详述如下:

早在20世纪80年代,为了便于厚煤层分层开采的顶板支护与管理,波兰、苏联以及我国许多学者就曾对上分层冒落岩块的自我胶结成岩现象进行了研究,"再生顶板"的概念由此提出。相关研究指出[40-43],再生顶板是垮落带中含泥质成分或 Al_2O_3 胶结物较高的破碎岩石遇水后再次胶结,并在上覆岩层的压实作用下而形成的;垮落带的湿度、黏土质岩石含量及采深大小等都会对再生顶板的形成效果产生影响。《煤矿安全规程》[69]中也作出了"确认垮落带的顶板岩石能够胶结形成再生顶板时,可不铺设人工假顶"的规定。有关再生顶板的研究虽是针对垮落带破碎岩块进行的,但其再胶结成岩的自修复机理完全可为本书有关覆岩导水裂隙自修复机制的研究提供重要参考。

一些学者针对黏土、含泥质岩石等遇水膨胀而使得采动裂隙弥合的现象进行了研究。例如:黄庆享等[70]通过对黏土力学性质和水理特性的测试,研究发现了地表松散层中黏土隔水层遇水膨胀而减缓"下行裂隙"发育的规律,得出下行裂隙由地表向下发育至黏土层时,渗漏潜水将引起黏土层的膨胀从而阻碍下行裂隙的发展。文献[44]也指出了类似的现象,通过钻孔漏失量测试发现,同处于覆岩导水裂隙带范围内,部分泥质类岩层区域的钻孔漏失量明显偏小,泥质类岩层区域中蒙脱石遇水膨胀特性是造成相关岩层宏观通水性降低的原因。此外,针对西部浅埋煤层开采过程中常易出现的地表裂缝,一些学者基于采动覆岩的破断运动特征,对地表裂缝由张开到闭合的自修复过程进行了研究[71-72]。研究指出地表移动变形引起的附加坡度小于 1°的区域,采动地表裂缝将趋于闭合,地表可实现自修复;而处于工作面边缘的拉伸变形区,地表裂缝一般难以自修复。

上述研究成果进一步验证了采动破坏覆岩自修复现象的客观存在,同时也为本书的研究奠定了重要的理论基础。相关研究虽已就水与黏土类岩石物理作用产生的修复现象进行了研究,但对于水与其他岩性岩石的相互作用与规律、采动覆岩中广泛存在的水、气、岩物理化学反应,及其与采动地层应力的耦合作用等方面的研究涉及较少。

1.2.3 水-气-岩相互作用机理与规律相关研究现状

目前,国内外有关水-气-岩相互作用机理与规律的研究主要集中于 CO_2 地质封存、水利与矿建工程、石油开采等工程技术领域,相关研究多聚焦于水-气-岩相互作用对地层原岩力学强度的损伤机制,以此进行 CO_2 高效封存以及水坝、边坡、地下空间围岩等岩体的维护和控制。

相关研究发现[73-78], CO_2 注入地下储层中将引起储层水化学成分的显著变化; CO_2 溶于水导致地下水的酸度增强,从而促进母岩矿物质溶解、溶蚀的速度;若注入气体为含有少量 SO_2 的混合气体时,溶蚀程度更大[74-75]。随着相关物理化学反应的进行,地下水溶液的 pH 值、离子浓度等都随之改变,并伴有钠长石、菱铁矿、片钠铝石等碳酸盐、铝硅酸盐矿物以及次生黏土矿物的沉淀,从而充填堵塞原岩中的孔隙。 CO_2 储集层之上的封隔盖层所含矿物不同时,将直接影响 CO_2 的封存效果。盖层中绿泥石的含量越多[79],则 CO_2 -水-岩反应过程中引起的矿物沉淀越多,相应盖层的渗透率就越低。而对于无 CO_2 、 SO_2 等气体参与的水-岩相互作用,其作用过程和原理与上述类似[80-85],但水体原始酸碱度不同时对应岩石被损伤的程度也有所不同。例如:文献[81]发现在相同离子浓度下,水溶液酸性越强则砂岩的次生孔隙率越大,且无论水溶液的初始酸碱度如何,其 pH 值均有向中性变化的特点。文献[82]又指出,岩石若含有铁离子或钙离子的矿物及胶结物成分,则水溶液酸碱度不同时,水-岩作用效果也有所不同。如岩石中低价铁离子(Fe^{2+})成分遇中性水溶液易氧化形成 $Fe(OH)_3$ 沉淀,而遇酸性水溶液则岩石易被溶蚀。此外,当岩石自身含有原生的裂隙或裂纹时[86-87],水-岩反应将会加剧,导致岩石受损伤程度更为显著;另外,这些裂隙又是相关反应过程中次生矿物或沉淀物易于附着的区域,使岩石受溶蚀的进程受阻碍而变缓。因此,无论是否有气体参与,其反应程度都与水溶液的化学性质以及岩石自身的矿物成分及宏/微观结构密切相关。

此外,在井巷支护、石油抽采钻孔护壁,以及道路、坝基施工等领域,常面临泥质、黏土质等岩石遇水膨胀、崩解等问题,为此,许多学者专门进行了水与泥岩相互作用的研究。研究指出,泥岩中富含蒙脱石、高岭石、伊利石等亲水黏土矿物,这些黏土矿物的吸水膨胀性使得岩石内产生不均匀的应力,从而造成岩石被软化甚至崩解[88-93],且膨胀所产生的最大膨胀压力可达 $1.4\sim2.8$ MPa[80]。泥岩中所含黏土矿物组分不同时,岩石崩解后的破碎形态也有所不同,有的呈现颗粒状,有的则呈现泥糊或淤泥状[93]。

上述研究成果为采动覆岩裂隙岩体的水-气-岩相互作用研究提供了丰富的参考素材,但相关研究大多集中于地层原岩受水、气作用而发生强度弱化的机理、规律及其断裂力学特征,对于原岩受采动影响发生断裂破坏后其与水、气的相互作用规律,以及相关物理化学作用后岩石在受载状态下的渗透性变化规律等问题则涉及较少。

1.2.4 含水孔隙/裂隙岩体人工封堵/修复相关研究现状

目前,国内外有关含水孔隙/裂隙岩体人工封堵或修复方面的研究主要集中于煤层底板含水层注浆改造与加固、注水驱油开采、井巷/隧洞施工、水坝防渗等工程领域,相关研究多聚焦于堵水材料选取、浆体流动及封堵特性,以及注浆工艺与效果评价等方面。

在煤层底板含水层注浆改造与加固工程领域:以我国华北型煤田为典型代表的矿区,常受到煤层底板奥陶系等高水压、强富水石灰岩含水层的水害威胁;为了实现此类承压含水层上的安全采煤,国内外许多学者通过多年的研究与实践[33-38,94-100],逐步形成了以注浆封堵含水层储水空隙和底板导水裂隙通道为思路的底板含水层改造与加固技术。即通过井下或地面钻孔向底板含水层中注入水泥、黏土、砂石等封堵材料[33-34,98-100],利用浆体的胶凝作用封堵岩体孔隙/裂隙,既加固底板岩体,又可"置换"含水层储水而降低富水性,最终实现底板堵水。目前,相关技术已在肥城、峰峰、焦作等矿区成功应用,有效降低了底板承压水上采煤的水害风险。由于此类底板灰岩含水层多属于储水空隙十分发育的岩溶型含水层(溶洞、陷落柱等普遍发育),其明显有别于煤层顶板中的孔隙/裂隙含水层,因而造成前述1.1节所述现有底板注浆堵水技术难以成功应用至顶板含水层修复实践中的现实困境。

在注水驱油开采工程领域:为了提高原油采收率、降低油井出水量,注水驱油开采过程中常需开展注水井的调剖和产油井的堵水工作[101]。所谓注水井调剖,是指对注水井吸水剖面的高渗水层进行封堵,迫使注入水向含油饱和度较高的中、低渗透层运移,从而提高注入水波及系数,降低油井含水量。而产油井堵水则是将油井的高渗透性出水层直接封堵,以减少油井出水。无论是注水井调剖还是产油井堵水,其实质都是对储层中相对高渗透性的过水通道进行封堵。经过多年的研究与实践,该领域已逐步发展形成了以选择性堵剂(堵水不堵油的化学剂)和非选择性堵剂为主要分类的多种化学堵水材料[102-104],极大地满足了注水驱油开采实践中的调剖堵水要求。其中,选择性堵水剂主要包括水基堵剂、油基堵剂和醇基堵剂三类;而非选择性堵剂主要分为冻胶类、颗粒类、凝胶类、树脂类和无机盐类等五类。虽然这些材料对不同渗透性含水岩体的大、小孔隙/裂隙通道都能起到很好的封堵效果,但由于它们多数都存在成本偏高、毒性强、污染性大,且对岩体含水温度和矿化度存在一定适应性等缺点,尚未能将其推广应用至采煤引起的大面积破坏顶板含水层的导水通道封堵与修复实践中。

在井巷/隧洞施工、水坝防渗等其他岩土工程领域:井筒、巷硐、隧道等地下工程施工过程中,常面临穿越地层富水含水层或含水断层与陷落柱等构造的问题,实施注浆堵水与加固是保证相关作业安全进行的有效手段[31-32,105-110];而在水坝等水工构筑物建设时,也常需利用注浆加固手段对岩土坝基进行防渗处理[31-32,111-112]。与前述煤层底板含水层注浆改造与加固以及注水驱油开采的调剖堵水类似,此类工程实施时,通常也是根据岩体孔隙/裂隙分布状态,选择性地使用黏土、砂石等惰性材料,或者水泥、水玻璃等无机化学材料,或者树脂、冻胶等有机化学材料进行注浆封堵。由于井巷围岩或岩土坝基需要封堵加固的范围相对有限,在确保堵水效果和经济合理的前提下,能够找到适宜的材料进行注浆封堵;因而大大推动了相关堵水材料在对应工程领域的应用和发展[113-118]。而对于本书涉及的顶板采动破坏含水层的导水通道封堵与修复,受其修复范围大、封堵用料多、动水影响强等因素的影响,现有工程领域中成熟的注浆堵水技术及堵水材料难以推广应用于其中;由此导致一些顶板富水矿区被迫采取疏排水方式以确保安全回采,而无法兼顾地下水的保护,这在一定程度上制约了顶板含水层修复理论与技术的发展。

由此可见,科学遵循覆岩导水裂隙演化规律并探究其导水流动的路径分布特征,利用其在水-气-岩相互作用下的自修复机制,研究制定有利于导水裂隙通道限流或封堵的人工干预对策,对于实现顶板采动含水层的生态修复尤为重要。为此,本书将在前人已有研究成果的基础上,开展人工促进导水裂隙自修复的地下水保护理论与实践研究,为绿色矿山建设与矿区生态治理提供理论支撑。

1.3 本书主要研究内容

根据上述分析,本书主要围绕覆岩导水裂隙演化及其引起的地下水流失主通道分布规律、水-气-岩相互作用下覆岩导水裂隙自修复机制,以及采动含水层的生态修复技术与方法等方面开展了深入研究。具体研究内容如下：

（1）采动覆岩破断运移与导水裂隙演化的关联特性

以西部典型的大同矿区特厚煤层综放开采为地质背景，采用钻孔电视全景摄像方法，对煤层开采过程中钻孔孔壁的变形破坏与裂隙发育规律进行了实测；采用相似材料模拟手段，分别针对基岩段钻孔裸孔和老采空区钻孔套管受覆岩破断运移影响的变形破坏特征进行了研究，建立了钻孔错动变形与覆岩破断运移的耦合关系；利用钻孔变形破坏现象在孔内的迁移变化规律，对覆岩由下向上逐步破断发展的运移过程进行了合理反演，建立了基于钻孔错动变形特征的采动裂隙导水性判别方法，为掌握覆岩导水裂隙的分布特征与演化规律奠定了基础。

（2）覆岩导水裂隙主通道分布模型及其水流动特性

按照产生原因的不同，将覆岩导水裂隙划分为峰后压剪裂隙和岩层破断张拉裂隙（上端张拉裂隙、下端张拉裂隙、贴合裂隙）；利用 Forchheimer 公式和伯努利方程对不同类型裂隙的导水流态及其关键流动参数（流量、流速、水头损失等）进行了对比研究，得到了地下水由含水层沿导水裂隙带向采空区流失的非连续渗流过程及其路径分布特征，建立了以关键层在开采边界处的破断特征参数为依据的导水裂隙带主通道分布模型，为人工限流覆岩导水主通道的含水层保护对策的制定与实施提供了理论依据。

（3）水-气-岩相互作用下覆岩导水裂隙自修复机制

选取不同采动破坏程度的不同岩性岩样，分别开展了砂质泥岩压剪裂隙岩样以及神东 3 类典型岩性（粗粒砂岩、细粒砂岩、砂质泥岩）的张拉裂隙岩样在水-CO_2-岩相互作用下的降渗特性实验，开展了酸性水对含铁破碎岩样的降渗特性实验，获得了破坏岩样在不同水、气化学环境下的降渗特征与规律，验证了现场实践中发现的采动破坏岩体裂隙自修复现象。基于 X 衍射、扫描电镜等测试手段，从亲水矿物的遇水膨胀物理作用以及水气岩离子交换生成化学沉淀或次生矿物的化学作用角度，揭示了破坏岩样因裂隙空间受膨胀矿物的挤压和衍生物质的充填封堵而产生降渗现象的自修复机制，为人工改性地下水、气、岩化学环境以促进岩体裂隙自修复的含水层恢复技术的形成提供了重要参考。

（4）采动裂隙人工引导自修复的含水层生态恢复技术

基于覆岩导水裂隙主通道分布模型以及水-气-岩相互作用下的导水裂隙自修复机制，形成了以水平定向钻孔注浆封堵导水裂隙主通道、人工灌注修复试剂促进铁/钙质化学沉淀封堵岩体孔隙/裂隙、化学软化碳酸盐岩促进导水裂隙主通道自修复，以及爆破松动采区边界煤柱/体促进导水裂隙主通道自修复等四方面为思路的含水层保护与生态修复方法，为煤炭开采水资源保护与生态修复提供了重要技术支撑。

2 采动覆岩破断运移与导水裂隙演化的关联特性

    煤炭开采后上覆岩层究竟是如何由下向上发展运动的,其破断运移过程中导水裂隙又是如何逐步演化的,此类问题一直是采矿工程领域众多研究人员关注的重点。在煤层开采过程中利用地面施工的垂直钻孔对覆岩内部破坏规律进行直接探测,为上述问题的解决提供了一种思路[119-120]。受煤层采动影响,钻孔会发生变形、破坏,甚至堵孔等现象,且在煤层开采相对钻孔不同位置时,这些现象在孔内也会呈现不同的迁移演变规律。显然,孔内发生的这些变形破坏现象与岩层的破断运移密切相关,研究揭示两者之间的内在关联特性对于合理推演采动覆岩的破断运动过程、揭示导水裂隙的演化特征具有重要意义。

2.1 覆岩破断运移特征的钻孔电视观测

2.1.1 实验工作面基本条件

    同忻煤矿 8203 工作面是石炭系 3-5 煤二盘区的首采工作面,工作面走向推进 2 081.6 m,倾向宽 200 m;煤层厚度为 11.0~23.6 mm,平均为 14.9 m,煤层倾角为 3°~10°;采用综合机械化放顶煤开采工艺,煤机割煤高度为 3.9 m,顶煤采用放顶煤法采出,顶煤放出率约为 70%;工作面采用 ZF15000/27.5/42 型放顶煤液压支架,额定工作阻力为 15 000 kN。工作面对应上部为侏罗系煤层采空区,与 3-5 煤间距为 150~200 m。

    为了掌握工作面开采过程中上覆岩层的破断运移情况,超前工作面 500 m 处进行了地面探测钻孔的施工。探测钻孔于距切眼 1 240 m 处共布置 2 个,分别处于工作面倾向中部和距开采边界 20 m 处,如图 2-1 所示。钻孔钻进过程中进行了取芯和岩性描述,覆岩柱状及关键层位置判别图如图 2-2 所示。钻孔钻进深度为 516.9 m,直至 3-5 煤底板;考虑到埋深 0~321.8 m 对应为侏罗系煤层开采引起的破断岩层,因此,钻孔施工时对埋深 0~341 m 的区段采用套管进行护孔,而其余区段均为裸孔,钻孔孔径为 108 mm。

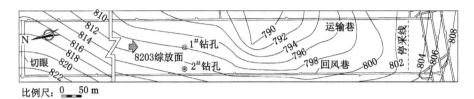

图 2-1　8203 工作面布置及探测钻孔位置图

序号	厚度/m	埋深/m	岩性	备注	序号	厚度/m	埋深/m	岩性	备注
1	27.6	27.6	黄土		36	8.3	350.3	砂质泥岩	
2	1.7	29.3	粉砂岩		37	1.2	351.5	粗砂岩	
3	35.4	64.7	中砂岩		38	8.4	359.9	砂质泥岩	
4	4.1	68.8	细砂岩		39	2.1	362.0	中砂岩	
5	20.3	89.1	中砂岩		40	23.3	385.3	粗砂岩	亚关键层5
6	1.5	90.6	煤		41	2.5	387.8	中砂岩	
7	19.2	109.8	砂质泥岩		42	2.3	390.1	砂质泥岩	
8	40.2	150.0	细砂岩	主关键层	43	4.7	394.8	中砂岩	
9	3.3	153.3	粉砂岩		44	3.0	397.8	粗砂岩	
10	0.8	154.1	煤		45	8.6	406.4	粉砂岩	亚关键层4
11	0.8	154.9	砂质泥岩		46	1.3	407.7	细砂岩	
12	0.6	155.5	煤		47	2.5	410.2	中砂岩	
13	34.1	189.6	粉砂岩	亚关键层8	48	2.6	412.8	细砂岩	
14	2.2	191.8	煤		49	8.1	420.9	粗砂岩	
15	11.9	203.7	粉砂岩		50	9.6	430.5	中砂岩	亚关键层3
16	4.7	208.4	砂质泥岩		51	1.9	432.4	粉砂岩	
17	1.8	210.2	细砂岩		52	0.5	432.9	煤	
18	3.5	213.7	粉砂岩		53	2.0	434.9	砂质泥岩	
19	1.5	215.2	中砂岩		54	0.7	435.6	中砂岩	
20	18.4	233.6	粉砂岩	亚关键层7	55	4.8	440.4	粉砂岩	
21	2.2	235.8	粗砂岩		56	1.9	442.3	粗砂岩	
22	5.3	241.1	粉砂岩		57	6.6	448.9	粉砂岩	亚关键层2
23	9.1	250.2	细砂岩		58	1.4	450.3	砂质泥岩	
24	6.0	256.2	粉砂岩		59	1.5	451.8	煤	
25	2.5	259.7	煤		60	2.4	454.2	砂质泥岩	
26	2.4	262.1	细砂岩		61	3.8	458.0	细砂岩	
27	21.5	283.6	中砂岩	亚关键层6	62	8.3	466.3	砂砾岩	亚关键层1
28	4.7	288.3	砂质泥岩		63	0.6	466.9	煤	
29	9.9	298.2	中砂岩		64	1.9	468.8	砂质泥岩	
30	5.2	303.4	砂质泥岩		65	1.9	470.7	煤	
31	4.0	307.4	煤		66	4.6	475.3	粉砂岩	
32	12.0	319.4	砂质泥岩		67	3.3	478.6	煤	
33	2.4	321.8	煤		68	2.6	481.2	碳质泥岩	
34	17.5	339.3	砂质泥岩		69	21.0	502.2	3-5煤	
35	2.7	342.0	粗砂岩						

左侧竖排文字: 侏罗系岩层(侏罗系煤层已采,岩层均已破断垮落)

图 2-2　覆岩柱状及关键层位置判别图

2.1.2 钻孔电视观测结果

2.1.2.1 观测方案

本书采用自行配备的 SYKJ 型高清钻孔全景摄像仪器进行观测。该仪器搭载 15 寸 SONY 专业级高分子液晶显示屏,镜头可变焦,且采用 SONY 工业级宽动态高速摄像机,1 200 万静态像素,拥有 6～9 颗美国 Cree 照明防水等级(0～2 000 m)不锈钢壳体,高透光树脂镜片不易破碎。探头下放电缆采用专业防水井下电缆,采用进口 PE 加厚外套,抗拉、耐磨、耐高温,内含 6 股凯夫拉纤维,最大可承受 2 000 N 拉力,配备 600 m 长电缆,适合对实验工作面 500 m 左右采深的钻孔条件进行观测,如图 2-3 所示。

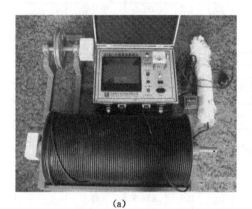 

(a)   (b)

图 2-3　钻孔电视现场观测

实际观测时,根据工作面与钻孔相对位置的不同,间隔不同时间进行观测。当工作面处于钻孔 100 m 开外时,进行采前的 1～2 次原始状态观测;当工作面处于钻孔前后 50～100 m 内时,每 3～5 d 观测一次;当工作面处于钻孔前后 50 m 范围内时,每 1～2 d 观测一次。观测过程中主要针对钻孔内孔壁变形破坏情况、垮裂范围随开采推进的动态变化、导水裂隙扩展高度以及与工作面开采位置的关系等进行观测。

2.1.2.2 观测结果

1# 探测钻孔:9 月 11 日,当工作面距离 1# 探测钻孔还有 10.5 m 时,钻孔孔壁基本光滑,围岩较为完整,未发现明显的裂隙发育或孔壁破坏现象。直至 9 月 13 日,当工作面距离钻孔仅剩 0.5 m 时,钻孔出现明显的孔壁片落破坏现象,且片落岩块直接造成钻孔在孔深 442.9 m 位置堵孔,导致探测仪器无法继续下放。而当工作面继续向前推进超过钻孔位置 6.8 m 时(9 月 14 日),钻孔孔壁片落程度加剧,且堵孔位置上升至孔深 361.3 m 处,如图 2-4(a)所示。而在后续的 9 月 15 日至 9 月 18 日(工作面推过钻孔 13.2～26.6 m)的观测过程中[图 2-3(b)],钻孔在孔深 361.3 m 位置堵住,堵孔位置出现积水现象,说明此时钻孔已完全堵死。直至 9 月 19 日,工作面推过钻孔 30.3 m 时,钻孔变形位置向上蔓延至孔深 287.3 m 处,导致钻孔套管孔径收缩。而后,随着工作面开采逐步远离钻孔,钻孔套管的变形破坏程度逐步加大,且发生变形的位置也逐步上移,先后在孔深 235.6 m、167.7 m、131.5 m 处发生套管变形、错断等现象,如图 2-4(c)～(f)所示。

2# 探测钻孔:8 月 20 日,当工作面距离 2# 探测钻孔还有 118.3 m 时,钻孔电视观测发现,在孔深 219.6 m 位置钻孔发生错层堵孔,且该区段未见有套管护孔(钻孔施工设计该区段应安装套管)。同时也发现,在孔深 203.9 m 的位置也存在类似的未用套管护孔的现象,孔壁明显出现围岩破裂与挤扁现象,如图 2-5(a)所示。可见,2# 探测钻孔施工质量不到位、套管护壁不严格是造成钻孔错断堵孔的主要原因;同时也说明,煤层开采引起的岩层移动已超前波及探测钻孔。而后,直至 9 月 10 日,当工作面推进至距离 2# 探测钻孔仅剩 11.1 m 时,地面至孔深 219.6 m 区段均未见明显变化,但在孔深 190.0 m 位置又出现新的孔壁破坏现象,如图 2-5(b)所示,说明岩层移动引起的孔壁破坏位置处于不断上移趋势。由于 2# 探测钻孔已提前发生堵孔,后续未能利用该孔对堵孔位置以下区域随工作面开采的钻孔变形破坏情况进行观测。

由以上 2 个探测钻孔的观测结果可见,钻孔内孔壁可见的采动裂隙滞后于钻孔的错断变形,即未能直观得到覆岩受采动影响的导水裂隙扩展规律,但得到了钻孔孔壁错动或堵孔位置与工作面推进位置之间的关系。随着工作面逐步推过并远离钻孔位置,无论是钻孔裸孔段还是套管段,其开始发生变形破坏的位置相较于工作面推进位置以跳跃式形式上升。如图 2-6 所示的在 1# 探测钻孔内发生错动或堵孔位置随工作面距钻孔距离的变化曲线,将该变化曲线与图 2-2所示的覆岩柱状对照后发现,曲线"跳跃台阶"平台处对应的位置均处于覆岩关键层位置附近;同时也发现,该关系曲线"台阶"平台处对应工作面推进距离一般为 20～30 m,与工作面实测来压步距接近,说明钻孔错动堵孔的发生及其持续时间与关键层的破断及其破断步距密切相关。为了弄清其中的缘由,开展了实验室相似材料模拟实验,详见 2.2 节。

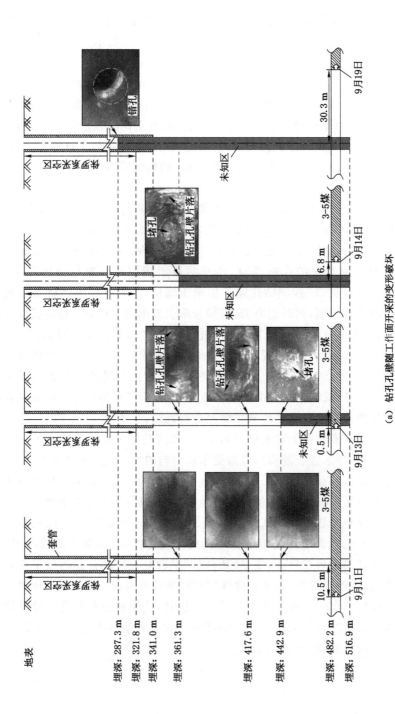

(a) 钻孔孔壁随工作面开采发生变形破坏

图2-4 1#探测钻孔随工作面开采变形破坏的实测结果

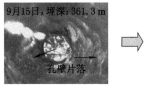 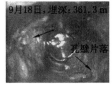

(b) 9月15日—9月18日，孔深361.3 m处孔壁片落破坏加剧、持续积水

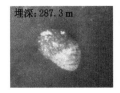 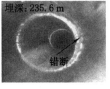 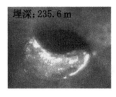 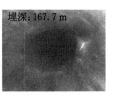

　　(c) 9月28日，套管错断　　　　　　　　(d) 10月1日，套管错断

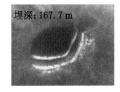 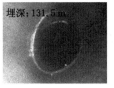 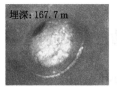 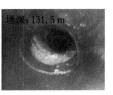

　　(e) 10月7日，套管错断　　　　　　　　(f) 10月17日，套管堵死

图 2-4(续)

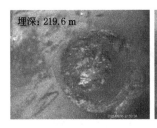 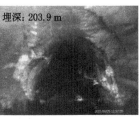 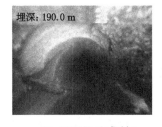

　　(a) 8月20日，钻孔错层堵孔与孔壁破坏　　　　　(b) 9月10日，孔壁破坏

图 2-5　2#探测钻孔随工作面开采发生变形破坏的实测结果

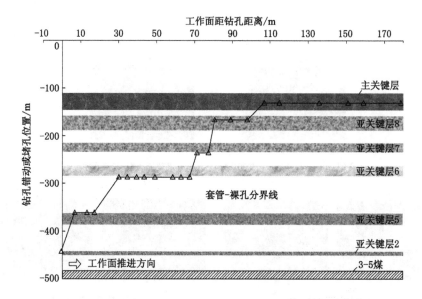

图 2-6　1# 探测钻孔内出现错动或堵孔位置随工作面距钻孔距离的变化曲线

2.2　钻孔错动变形与覆岩破断运移的耦合关系

　　根据 2.1 节的现场实测结果,钻孔受采动影响发生的变形破坏形式主要为孔壁错动或堵孔等。为了探究这一现象发生的原因并弄清它与覆岩破断运动之间的关系,采用实验室相似材料模拟实验进行了分析研究。考虑到钻孔的错断变形在石炭-侏罗双系之间的基岩裸孔段以及已采侏罗系采空区的钻孔套管段均有发生,而两个区段对应钻孔所处的围岩环境有所不同,因此,针对这两种情况分别进行了模拟实验。

2.2.1　石炭-侏罗双系间基岩裸孔段的钻孔变形模拟实验

2.2.1.1　模拟实验方案

　　模拟实验选用重力应力条件下的平面应力模型架进行实验,实验架长130 cm、宽 12 cm。模型的几何比为 1∶100,容重比为 0.6。从图 2-6 所示的实测结果中可以看出,钻孔错动堵孔位置与覆岩关键层位置存在很高的一致性,由此推测钻孔错动变形与关键层控制岩层运动的作用密切相关。因此,模型中岩层设置时基于 8203 工作面的开采条件进行了简化,着重研究关键层运动与钻孔错动变形之间的关系,如图 2-7(a)所示。模型中共设 3 层关键层,煤层厚度为

4 cm(模型为定性分析,采高减小不影响实验效果)。模型铺设时,利用3个直径为2 cm的PVC管固定在模型框架中部,管间距为20 cm;待模型中各岩层铺设成型后再撤去PVC管,从而形成覆岩探测钻孔,钻孔直接延伸至煤层底板处,如图2-7(b)所示。各岩层材料配制以河砂为骨料,石膏和碳酸钙为胶结物,在岩层交界处设一层云母以模拟岩层的层理与分层。软岩层的分层厚度为2 m。各岩层的相似材料配比及物理力学参数见表2-1。

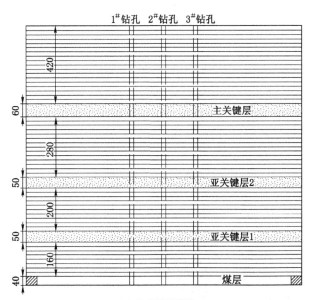

(a) 物理模拟模型

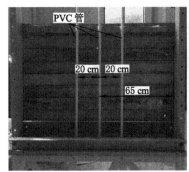

(b) 模拟钻孔布设

图2-7　相似材料模拟实验方案图

表 2-1　模拟实验模型各岩层物理力学性质及配比表

序号	岩层	厚度/m	材料配比 河砂∶碳酸钙∶石膏	容重/(kN/m³)	弹性模量/GPa	泊松比	黏聚力/MPa	内摩擦角/(°)
1	上覆软岩	42	50∶7∶3	15	0.075	0.26	0.030	33
2	主关键层	5	30∶3∶7	15	0.250	0.32	0.071	39
3	软岩	28	40∶7∶3	15	0.075	0.26	0.030	33
4	关键层2	5	40∶5∶5	15	0.200	0.30	0.058	36
5	软岩	20	40∶7∶3	15	0.075	0.26	0.030	33
6	关键层1	5	40∶5∶5	15	0.200	0.30	0.058	36
7	直接顶	16	40∶7∶3	15	0.075	0.26	0.030	33
8	煤层	4	70∶7∶3	15	0.038	0.21	0.015	30

　　具体实验时,由左向右对煤层进行开挖,开挖步距为 5 cm,模型两侧各留 20 cm 的边界保护煤柱。每开挖一步即采用如图 2-8 所示的微型窥视仪对探测钻孔内部的变形破坏情况进行观测,统计钻孔孔壁变形破坏程度、具体层位等随煤层开采的变化规律。

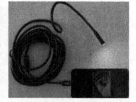

图 2-8　模拟钻孔变形破坏的观测方案

2.2.1.2　模拟实验结果与分析

　　模拟实验结果显示,当工作面开采至 1# 钻孔附近时,直接顶发生垮落,但亚关键层 1 仍处于悬露未断状态,从而使得 1# 钻孔在亚关键层 1 底界面处发生孔壁错动现象,如图 2-9(a)中的截图 A1-1 所示。此时由于采动影响尚未波及其他区域,因而 1# 钻孔其他部位及 2#、3# 钻孔均未见明显的错动变形现象(如截图 B1-0 和 B2-0)。

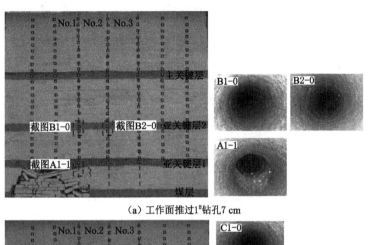

（a）工作面推过1#钻孔7 cm

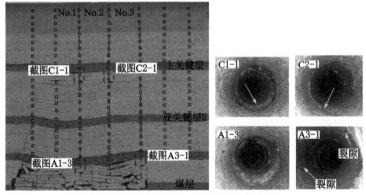

（b）工作面推过2#钻孔11 cm，亚关键层1初次破断

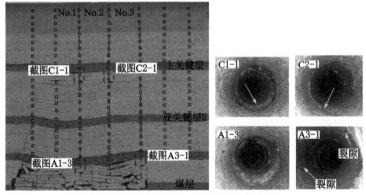

（c）工作面推过3#钻孔3 cm，亚关键层2初次破断

图 2-9　模拟钻孔孔壁变形破坏随煤层开采的变化

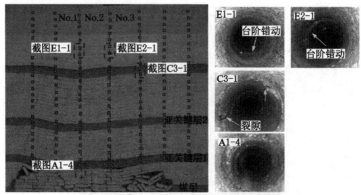

(d) 工作面推过3#钻孔24 cm,主关键层初次破断

图 2-9(续)

当工作面继续向前推进至关键层1发生初次破断时[图 2-9(b)],上覆软岩随之破断并直接蔓延至亚关键层2底界面;此时钻孔的探测结果显示,1#钻孔内孔壁错动位置已跃升至亚关键层2底界面,亚关键层1、2之间的软岩组对应钻孔孔壁呈现"楼梯"式的台阶错动组。同时,对比图 2-9(a)和图 2-9(b)可知,亚关键层1底界面处的钻孔孔壁错动量已有所减小(截图 A1-1 和 A1-2)。而对于 2#钻孔,由于该位置亚关键层1仍处于悬露未断状态,其底界面与下部垮断直接顶间也出现了类似截图 A1-1 的孔壁错动现象(截图 A2-1);但由于其下部直接顶岩层的破断回转量较小,所以钻孔孔壁的错动量相比截图 A1-1 中的错动量明显偏小。

随着工作面的继续推进,亚关键层2发生初次破断,岩层运动直接蔓延至主关键层底界面[图 2-9(c)],相应地 1#钻孔内的孔壁错动位置也直接跃升至主关键层底界面,并呈现明显的离层空洞;同时,亚关键层1底界面处对应 1#钻孔的孔壁错动量又有进一步的减小(截图 A1-1、A1-2、A1-3)。而在 2#钻孔位置,由于亚关键层1和亚关键层2均发生了破断,2#钻孔内孔壁错动位置也直接跃升至主关键层底界面。对于 3#钻孔,因亚关键层1在此位置仅发生小幅度断裂回转,因而其孔内对应亚关键层1底界面位置仅出现断裂裂缝和微量台阶错动,此现象与前述 2#钻孔内的截图 A2-1 出现的情况类似。对比 1#钻孔分别在三层关键层底界面位置出现的孔壁错动情况(截图 A1-1、B1-1、C1-1)可以看出,关键层所处的层位越高,其底界面位置发生孔壁错动的错动量越小,详见表 2-2。

表 2-2　1# 钻孔在不同关键层底界面处的孔壁最大错动量统计表

	SKS 1 底界面	SKS 2 底界面	PKS 底界面
最大错动量/mm	8.2	4.3	2.6

2.2.1.3　讨论

（1）钻孔孔壁出现的错动变形现象是由上下邻近岩层的非协调破断运动造成的，钻孔内不同层位岩层不同回转角（或回转下沉量）引起的水平移动量的差异，是造成孔壁错动的主要原因。

如图 2-10 所示，在已破断岩层和未破断岩层的交界处，钻孔孔壁的错动量即破断岩层回转运动引起的钻孔位置的水平移动量。破断岩层的回转量越大，对应其水平移动量越大，从而在两岩层交界处出现的钻孔孔壁错动量也越大。因此，距离煤层越远的岩层，其破断后的回转量越小，相应地引起钻孔孔壁的错动变形量也就越小，这与模拟实验中发现的截图 A1-1、B1-1、C1-1 的孔壁错动量越来越小的现象是一致的。而对于某一层位的破断岩层，在其下沉量达到最大值之前，它的破断块体回转角将随工作面推进逐步加大，从而钻孔孔壁的错动变形量也随之增大，这与图 2-4 所示的现场实测结果相吻合。以图 2-4(a)～(b)所示的孔深 361.3 m 处的错孔变形为例，9 月 14 日钻孔内虽有碎石堆积，但并未出现积水现象，说明钻孔尚未堵死；而到了 9 月 15 日至 18 日，孔内就出现了积水，说明此时钻孔已堵死。从这一变化过程可以看出，正是由于钻孔错动量的逐步增大直至错死，才导致了 9 月 14 日孔内无积水而 9 月 15 日—9 月 18 日孔内持续积水现象的发生，如图 2-11 所示。

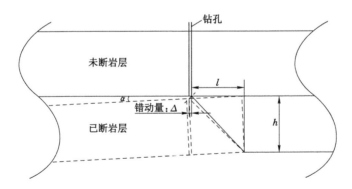

图 2-10　岩层破断回转引起钻孔错动示意图

同理，对于上下岩层均发生破断的位置，钻孔孔壁错动量即为上下相邻岩层在钻孔位置的水平移动量之差。由于上位岩层的破断回转量始终小于下位岩

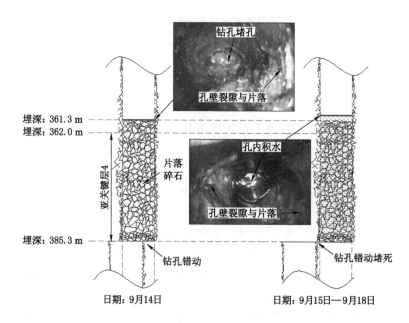

图 2-11　孔深 361.3 m 位置堵孔积水示意图

层,由此才会出现由上向下错动量逐步增大的"楼梯台阶"式钻孔错动现象。

（2）钻孔内孔壁的错动变形位置随覆岩关键层的破断运动呈现跳跃式向上发展的现象。

当某层关键层发生破断时,其所控制的岩层（该关键层与上一层邻近关键层之间的岩层）也随之破断运动,从而孔壁错动位置会直接跳跃至上一层未断关键层底界面。即若孔壁错动保持在某一层位不变（如图 2-6 所示曲线上的平直段）,则说明该处为某层关键层底界面,且该关键层正处于悬露未断状态。以此类推,随着关键层由下向上逐次破断,钻孔孔壁的错动变形位置也随各层关键层破断运动而呈跳跃式发展,这也合理解释了图 2-6 所示的实测结果中钻孔错动或堵孔位置均位于关键层位置附近,且呈现跳跃上升的趋势,据此可根据钻孔错动位置判断覆岩破断运动波及的范围。也就是说,若钻孔在某位置发生错动,则该位置对应的岩层已发生破断回转,而其上覆未发生钻孔错动范围内的岩层尚未发生破断。

值得说明的是,对于现场实测中发现的亚关键层 2 和亚关键层 4 附近的堵孔现象,其堵孔位置均位于关键层顶界面附近,这与上述错动堵孔位置位于关键层底界面的理论分析结果存在一定的差异。根据钻孔孔壁大范围的片落以及堵孔位置堆积的碎石可以推断,该现象主要是由于孔壁片落碎石在错孔位置堆积所致,如图 2-11 所示。即孔壁错动位置仍处于关键层底界面附近,但由于碎石的堆积作用,导致堵孔位置向上延伸至关键层顶界面附近。

(3) 钻孔孔壁错动量随岩层的破断回转运动呈现先增大、后减小的趋势,且这一过程持续至基本恢复原始孔径状态为止。

如图 2-12 所示的岩层破断运动过程,当岩层发生破断而形成块体 I 时,随着块体的回转运动,钻孔内错动量逐步增大,直至块体回转稳定,孔壁错动量将达到最大;而后,随着工作面的继续推进,岩层再次发生破断而形成块体 II,在该块体回转运动过程中,块体 I 将随之发生反向回转,由此引起的水平移动方向也发生逆转,使得孔壁的错动量减小,直至块体I运动完全稳定而处于水平状态,钻孔孔壁基本恢复原始状态。这与模拟实验结果中截图 A1-1、A1-2、A1-3、A1-4 的变化过程相一致。

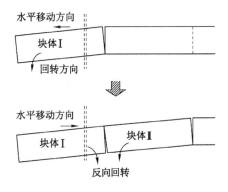

图 2-12 岩层破断回转示意图

这一现象能很好地指导现场工程实践中合理布置地面钻孔位置,尤其是在那些要求钻孔过流能力强的条件下。若将钻孔布置于工作面开采边界附近,由于岩层破断后仅能发生正向回转,所以钻孔孔壁的错动将始终存在,其过流能力自然受限。而若将钻孔布置于工作面开采范围中部,则岩层破断后能经历正向和反向回转,钻孔错动后又能基本恢复到原始状态,过流能力相对较高。这一结论也与图 2-9(d)所示的模拟结果吻合。处于开采范围中部的 1# 钻孔和处于开采边界处的 3# 钻孔,其在同一层位处的钻孔错动量明显不同。

2.2.2 侏罗系采空区套管段的钻孔变形模拟实验

对于上覆侏罗系采空区施工钻孔的套管段发生的错断变形,由于该区段岩层被套管阻隔,其破断岩层活化运移规律与套管的变形是否也与上述基岩裸孔段类似,仍不得而知。所以,针对这一区段,对采空区模拟钻孔进行了特殊处理后重新开展了物理模拟实验。

2.2.2.1 模拟实验方案

实验采用重力应力条件下的平面应力模型架进行实验,实验架长 500 cm、宽 20 cm。模型的几何比为 1∶100,容重比为 0.6。采用简化的实验模型将各岩层进行简化,建立如图 2-13(a)所示的实验模拟方案。模型模拟同忻煤矿 8203 工作面在上覆侏罗系煤层下重复开采的过程,并对岩层赋存进行简化。共设 2 层煤,上煤层厚 4 m,下煤层厚 9 m,上下煤层间距为 123 m;其中上煤层上覆共设 2 层关键层,两煤层间设 3 层关键层。各岩层材料配制以河砂为骨料,石膏和碳酸钙为胶结物,在岩层交界处设一层云母以模拟岩层的层理与分层,软岩层的分层厚度为 2 cm。各岩层材料的物理力学特性设置参照表 2-1 实施,具体材料配比详见表 2-3。

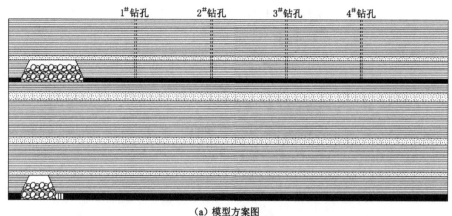

(a) 模型方案图

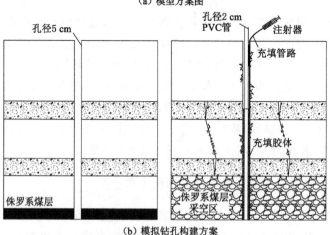

(b) 模拟钻孔构建方案

图 2-13　侏罗系采空区钻孔套管受石炭系煤层开采影响的变形破坏模拟实验方案

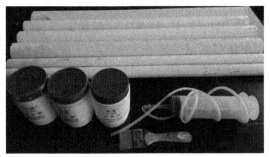

（c）采动破坏孔壁重塑器具

图 2-13（续）

表 2-3　各岩层相似材料配比

岩层	厚度/cm	配比号	$m_{砂子}$/kg	$m_{碳酸钙}$/kg	$m_{石膏}$/kg	$V_{水}$/L
载荷层	16	473	337.83	59.12	12.67	46.93
关键层2（上煤层）	5	455	105.60	7.92	18.48	14.57
软岩	20	473	422.29	73.90	15.84	58.66
关键层1（下煤层）	5	455	105.60	7.92	18.48	14.57
软岩	20	473	422.40	73.92	15.84	58.67
上煤层	4	773	92.40	9.24	3.96	13.34
软岩	10	473	211.20	36.96	7.92	29.33
关键层3（下煤层）	10	437	211.20	15.84	36.96	29.14
软岩	40	473	844.80	147.80	31.68	117.33
关键层2（下煤层）	8	437	168.96	12.67	29.57	23.31
软岩	30	473	633.60	110.88	23.76	88.00
关键层1（下煤层）	5	455	105.60	7.92	18.48	14.57
软岩	20	473	422.40	73.92	15.84	58.67
下煤层	9	773	207.90	20.79	8.91	26.39

对地面钻孔进行模拟设置时,首先在上煤层上覆岩层铺设过程中按图 2-13(a)所示位置预设孔径为 5 cm 的 PVC 管,待模型铺设完毕并干燥成型后,撤去该 PVC 管,并开始进行上覆侏罗系煤层的开挖(模型两侧各留设 15 cm 宽的保

护煤柱);考虑到此时上煤层覆岩钻孔受采动影响已发生破坏,为了直观模拟下部石炭系煤层开采对侏罗系破断岩层的活化运移影响,同时模拟现场钻孔施工的套管,采用对上煤层钻孔孔壁进行重塑的方法进行了实验[122]。如图 2-13(b)所示,在上煤层开采完毕后,利用孔径为 2 cm 的 PVC 管插入原孔径为 5 cm 的钻孔,对两孔之间的空隙采用注射器进行注浆充填,以模拟现场钻孔套管并进行护壁[图 2-13(c)]。孔壁充填胶体由碳酸钙、石膏等按一定比例混合均匀搅拌制成,待充填胶体固结成形后即可撤去 2 cm 孔径的 PVC 管,此时即形成了模拟现场侏罗系采空区套管段的钻孔条件。最后,进行下部石炭系煤层的开挖,并在开挖过程中对钻孔孔壁的变形破坏情况进行跟踪观测,观测方法与前述裸孔段的方法一致;模型开挖时两侧同样留设 15 cm 宽的保护煤柱。

2.2.2.2　模拟结果与分析

模拟实验结果表明,侏罗系煤层开采结束并重塑地面钻孔孔壁后,随着下部石炭系煤层的开采,双系间岩层逐步向上破断运动并蔓延至上覆侏罗系采空区。如图 2-14(a),当煤层开采 155 m 时,双系间关键层 3 发生初次破断,直接引起侏罗系岩层的破断下沉;此时虽然工作面已推过 1# 钻孔 30 m,但受岩层破断角的影响,采动破坏并未波及 1# 钻孔,因此,钻孔内未见明显的变形破坏现象。而当煤层开采 175 m 时[图 2-14(b)],双系间关键层 3 发生第 1 次周期破断,直接引起其控制的上覆侏罗系岩层发生破断回转,导致 1# 钻孔孔壁出现错动变形现象,且由于侏罗系岩层均跟随该关键层发生破断回转,钻孔内错动变形几乎遍布上下整体。当工作面继续推进至 220 m 时,双系间关键层 3 发生第 2 次周期破断,使得 1# 钻孔区域对应破断岩层发生反向回转,从而引起钻孔孔壁错动量逐步恢复减小,这与前述基岩裸孔段的孔壁错动变形规律是一致的,如图 2-14(c)所示。而后,随着工作面的继续推进,后续钻孔均发生了与 1# 钻孔类似的现象。总体而言,随着工作面逐步推过钻孔,上覆岩层的破断运动逐渐波及钻孔区域,导致钻孔孔壁发生错动变形,且错动变形量随破断块体回转量的增大而增大;而当工作面继续远离钻孔导致钻孔区域岩层破断块体发生反向回转时,钻孔孔壁错动又逐步恢复而减小,直至破断块体回转平稳,孔壁错动量基本消除,如图 2-14(d)~(f)所示。由此可见,虽然侏罗系采空区段钻孔存在套管护壁作用,但套管的挤压变形规律仍然与岩层的破断运移相对应,且对应关系与基岩裸孔段是一致的。模拟实验结果与现场实测结果相符。

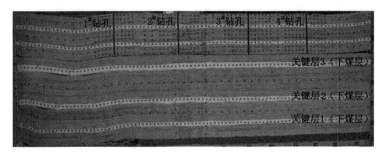

（a）开采155 m，下煤层关键层3初次破断

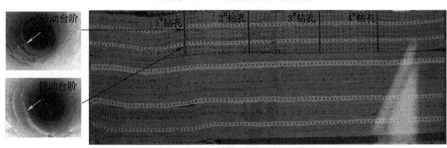

（b）开采175 m，下煤层关键层3第1次周期破断

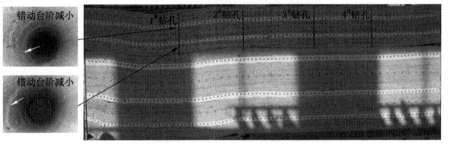

（c）开采220 m，下煤层关键层3第2次周期破断

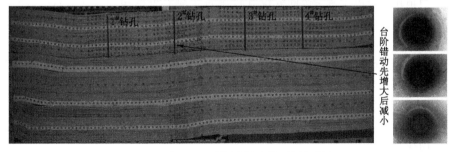

（d）开采280 m，下煤层关键层3第3次周期破断

图 2-14　侏罗系采空区模拟钻孔受采动破坏的实验结果图

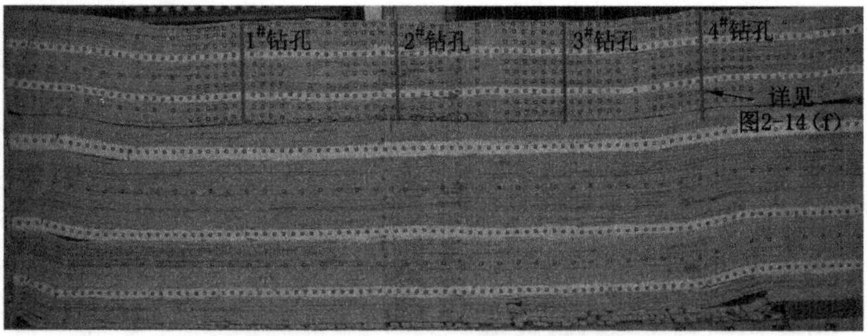

含水层采动破坏机制与生态修复

(e) 开采450 m,下煤层关键层3第6次周期破断

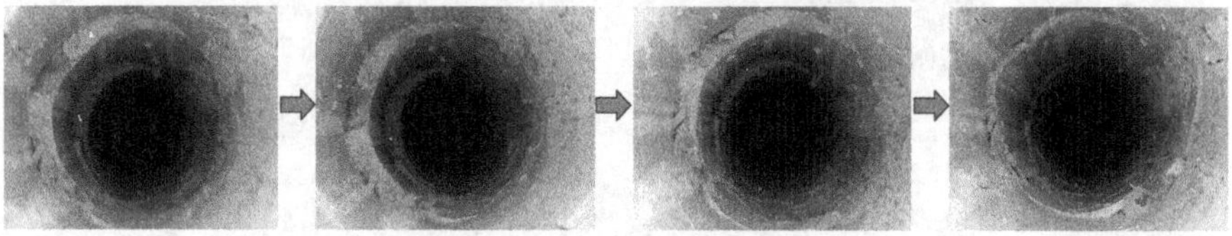

(f) 4#钻孔孔壁随开采发生错动的台阶量先增大后减小

图 2-14(续)

2.3 基于钻孔错动变形特征的导水裂隙发育反演

如图 2-10 所示,设破断岩层的厚度为 h,岩层破断回转角为 α,钻孔距岩层断裂线的距离为 l,根据几何关系可得到钻孔孔壁发生错动的错动量 Δ 的计算公式如下:

Δ=l(cos α−1)+htan α (2-1)

当钻孔正好位于岩层破断线位置时,l 为 0,则孔壁的错动量即为岩层破断裂隙的张开度。利用图 2-9 所示的模拟实验结果可对式(2-1)进行验证。以图 2-9(b)所示的 1# 钻孔在亚关键层 2 底界面处出现的孔壁错动(截图 B1-1)为例进行说明。根据实验测量可知该处对应破断岩层的厚度为 20 mm,回转角 α 为 9°,1# 钻孔距离该岩层断裂线距离 l 为 40 mm。则可计算得出式(2-1)右半部分值为2.7 mm,这与孔壁错动量 Δ=3 mm 的测量值接近,证明了上述公式的准确性。

考虑到岩层破断回转角较小,对式(2-1)中 l(cos α−1) 可近似设为 0,则该式可简化为:

Δ=htan α (2-2)

由式(2-2)可以看出,钻孔孔壁错动量主要与上位相邻岩层的相对回转角、下位破断岩层厚度,以及钻孔距下位岩层破断线的距离等因素有关,且与 h 和 α

呈正比例关系,与 l 呈反比例关系。所以,根据钻孔内实测得到的孔壁错动量,即可对该位置破断岩层的回转角进行计算。由于岩层的破断回转角直接影响破断裂隙的张开度及其导水性,因此,利用钻孔内探测得到的孔壁错动量即可进行岩层破断裂隙导水性的判断。

岩层断裂的裂隙贯通度 D(断裂裂纹扩展长度与岩层厚度之比)可表示为[123]:

$$D=1-\frac{\delta}{hr_p\alpha} \tag{2-3}$$

式中:δ 为裂纹尖端临界张开位移;r_p 为塑性转动因子。当某岩层的裂隙贯通度达到 0.9~1.0 时,则认为该岩层断裂引起的裂缝能够导水,该岩层即处于导水裂隙带以内。根据此式可对 2.1 节实测得到的钻孔内不同堵孔位置对应的裂隙张开情况及其是否导水进行分析。

以图 2-4(b)所示埋深 361.3 m 处的孔壁错动为例,该处的错动应为亚关键层 5 底界面处 2.5 m 厚的中砂岩破断回转所致。按照钻孔堵死的错动情况可判断台阶错动量 Δ 至少为钻孔的直径(108 mm),根据式(2-2)可计算得出该岩层的断裂回转角至少为 2.5°。则根据式(2-3),取裂纹尖端临界张开位移 $\delta=3$ mm 和 $r_p=0.46$[123],则计算得出该岩层的裂隙贯通度至少为 0.94。因此,该处岩层破断引起的裂隙必然导水。由此可判断 8203 工作面开采引起的覆岩导水裂隙已沟通上覆侏罗系采空区,这与工作面回采过程中发生侏罗系采空区积水涌入工作面的现象吻合,验证了利用钻孔错动量判断岩层破断裂隙导水能力的可靠性。

2.4 本章小结

(1)通过对同忻煤矿 8203 综放工作面开采过程中地面垂直钻孔内的变形破坏规律进行观测,得到了钻孔破坏与覆岩破断运移之间的耦合关系。受煤层开采引起的覆岩破断运移的影响,地面探测钻孔常易发生孔壁错动变形等破坏现象,错动位置与工作面推进距离之间的关系曲线呈现台阶跳跃式变化规律,且曲线"台阶平台"位置与覆岩关键层底界面基本对应,体现了覆岩关键层对岩层破断运动的控制作用。据此,可利用地面钻孔观测得到的孔壁错动变形位置的动态变化规律进行覆岩关键层位置的判别。

(2)钻孔孔壁的错动变形主要是由于上下位邻近岩层破断后的回转角不同而引起的孔壁水平位移量不一致所造成的;邻近岩层的破断回转角差异越大,对应两岩层交界处出现的钻孔孔壁错动量也越大。因此,距离煤层越远的岩层,其破断后的回转量越小,相应的引起钻孔孔壁错动变形量越小。据此推导得到了钻孔孔壁错动量与岩层破断回转角之间的数学关系式,并利用模拟实验得到的钻孔错动量和岩层破断回转角对该理论公式进行了验证。

(3)无论是石炭-侏罗双系间的基岩裸孔段还是上覆侏罗系采空区套管段,钻孔孔壁均出现错动量先增大后减小,直至最终恢复原始孔径状态的现象;这与岩层破断运动时先经历正向回转而后又发生反向回转的过程密切相关。因此,对于布置于工作面开采边界附近的钻孔,由于岩层破断后仅能发生正向回转,钻孔孔壁错动将始终存在。而处于工作面中部的钻孔,其受采动影响而发生的孔壁错动变形最终将消失。因此,实际应用时可根据地面钻孔的具体用途合理优化钻孔布置位置。

(4)基于钻孔孔壁错动位置随工作面开采的变化规律,可对采动覆岩由下向上逐步破断的运动过程进行合理的推演,钻孔内开始出现错动变形的位置即对应着覆岩破断运动的最高层位。根据钻孔孔壁的错动量可对岩层破断的回转角及其裂隙张开度进行计算,从而判断岩层破断裂隙的导水性。钻孔孔壁错动量越大,说明岩层破断回转的角度越大,相应其破断裂隙越易导水。据此利用8203工作面地面探测钻孔的孔壁错动实测数据对覆岩导水裂隙的发育高度进行了判断,判断结果与实测结果相符,验证了该方法的可靠性。

3 覆岩导水裂隙主通道分布模型及其水流动特性

　　煤炭地下开采将引起上覆岩层的移动与破坏,从而在覆岩中形成导水裂隙;导水裂隙的产生既为地下水资源流失提供了通道,同时也成为地表生态退化的地质根源。因此,研究并揭示覆岩采动破坏后导水裂隙发育、发展的演变规律,是评价地下水资源漏失程度、确定保水采煤对策的重要理论依据。有关采动破坏岩体的水渗流特性,已有不少学者[54-58]开展了研究,然而相关研究多用破碎岩体或峰后破裂岩体的水渗流规律来描述和分析采动岩层导水裂隙的水流动特征。事实上,采动覆岩导水裂隙中除了有岩层受塑性屈服破坏后的压剪裂隙外,还大量存在着因岩层破断回转运动产生的张拉裂隙;这两者在覆岩中的空间分布特征及其发育形态存在着明显差别,且处于裂隙带的拉剪破坏岩体其导水流动状态与垮落带的破碎岩体存在本质区别。因此,单纯以破碎或峰后破裂岩体作为研究对象难以全面、准确地揭示覆岩不同区域、不同类型导水裂隙的导流特性。从覆岩导水裂隙带分布的一般特征看,导水裂隙带"马鞍形"凸起区域处于开采边界附近,岩层破断回转形成张拉裂隙,裂隙开度大、过流能力强;对于"马鞍形"下凹区域,处于开采区域中部的压实区,岩层破断块体间的裂隙趋于闭合,过流能力相对较弱;而在"马鞍形"轮廓线侧向偏移位置附近,岩体则受超前支承压力的影响发生塑性屈服,这种环境下产生的压剪裂隙无论在裂隙形态还是过流能力上都与前两者有着明显差异。因此,在覆岩导水裂隙带范围内,必然存在水源漏失的主要流动通道,研究确定导水裂隙主通道的分布规律及其导流特性,对于科学制定导水主通道人工限流的保水含水层保护与生态修复对策[2,30]具有重要的指导意义。本章基于岩层控制的关键层理论,结合采动覆岩破断形态及其裂隙分布特征,开展了导水裂隙水流动特性及其主通道分布模型的研究。

3.1 覆岩导水裂隙类型划分

　　导水裂隙是在岩层张拉破坏或受压屈服后产生的,覆岩不同区域岩层所受的应力状态及其自由活动空间不同时,对应产生的裂隙形态和发育程度(或开度)也将有所不同,最终将影响裂隙的导流性能及其对地下含水层的破坏程度。因此,对覆岩导水裂隙的类型进行划分,是开展裂隙导水流动特性分析以及覆岩导水裂隙主通道分布模型构建的前提和基础。

覆岩导水裂隙的形成伴随于岩层的破断运移以及岩体应力的重新分布,在此过程中将存在2种类型的导水裂隙(见图3-1):一类为岩层周期性破断回转运动过程中出现的拉剪破坏裂隙(岩层破断裂隙),这类裂隙在覆岩中的分布相对均匀,且裂隙间的水平间距近似为岩层的破断步距;另一类为开采边界外侧煤岩体在超前支承压力作用下产生的剪切破坏裂隙(岩层压剪裂隙),这类裂隙的分布相对杂乱无序,且其分布密度通常要高于前者。

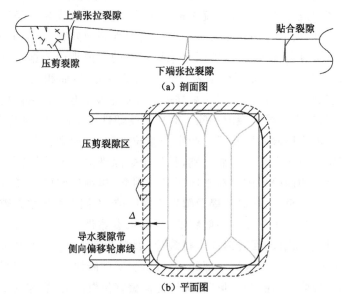

图 3-1　关键层破断运动及其导水裂隙分布示意图

注:图中黑色线条代表上端张拉裂隙,浅灰色线条代表下端张拉裂隙,深灰色线条代表贴合裂隙。

对于第一种类型的导水裂隙,受破断岩层在覆岩中不同位置的影响,又可分为3种类型,如图3-1所示。第一,处于开采边界附近的上端张拉裂隙,由于岩层破断块体仅经历一次回转,其回转角始终存在,裂隙剖面呈现类似"楔形";第二,处于开采区域中部压实区的贴合裂隙,由于岩层破断块体已经过双向回转运动,相邻块体间已无回转角差异,裂隙由相邻破断块体水平挤压而成,其外观虽表现为闭合状态,但受相邻裂隙表面形貌及其粗糙度差异的影响,裂隙面并不能完全贴合,裂隙仍具有一定的开度及过流能力;第三,处于开采边界与中部压实区之间的下端张拉裂隙,由于相邻破断块体间回转角的差异,裂隙剖面呈现"倒楔形"。

由此可见,覆岩不同区域岩层所受的应力状态及其运移特征不同时,对应其产生的导水裂隙形态和发育程度(或开度)也将有所不同,最终影响到裂隙的导流性能。因此,对不同类型导水裂隙分别建模进行水流动特性的分析显得尤为重要。

3.2 不同类型导水裂隙的水流动特性

3.2.1 岩层破断裂隙水流动特性

根据 3.1 节的分析,岩层破断裂隙可分为上端张拉裂隙、下端张拉裂隙和贴合裂隙 3 种类型。由于这类裂隙是由于岩层的破断回转运动产生的,其具有规则而特定的发育形态和分布特征,因此,将其与岩体受载状态下的破裂裂隙或破碎岩体裂隙等同视之是不合适的,宜针对单个裂隙建立模型开展水流动特性的分析。假设采动含水层在平面上处于均匀赋存状态,同一平面不同区域的富水状态可视作相同;同时假设岩层为水平分布状态。如此,地下水由采动含水层底界面处向下部岩层中的导水裂隙中流动时,同一裂隙中的水体在同一平面的不同位置处的流动状态基本相同,因而水体在同一裂隙中以垂向流动为主(水平分量可忽略)。基于这一考虑,以图 3-2 所示的裂隙剖面形态进行建模分析。

3.2.1.1 裂隙导水流态判别

如图 3-2 所示,以导水裂隙带范围内处于含水层底界面的邻近岩层为例,假设含水层漏失水体在这 3 种裂隙入口处的流速和压力相同,分别设为 v_0 和 P_0;设水体流出裂隙时流速分别为 v_{2a}、v_{2b}、v_{2c},压力分别为 P_a、P_b、P_c,通过各裂隙的流量为 Q_a、Q_b、Q_c。对于上端张拉裂隙,其过流断面由 2 部分组成:水流首先通过上端开度为 d_{1a}、下端开度为 d_{2a} 的渐缩通道,其次通过长度为 m_a、平均宽度为 d_{2a} 的近似等径通道。其中,d_{1a} 与岩层破断块体的回转角 β 密切相关,可表示为 $d_{1a}=h\tan\beta$,式中 h 为破断岩层的厚度;d_{2a} 为破断块体铰接接触面处的裂隙宽度,考虑到铰接接触面处两侧裂隙面一般难以完全吻合,而处于部分接触、部分"镂空"的状态,因而该处的裂隙宽度按照平均宽度设定。而下端张拉裂隙实质是上端张拉裂隙的倒置形态,两者的进水口和出水口形态正好相反,且 d_{1b} 的计算方法与 d_{1a} 相同。贴合裂隙则与前两者在块体铰接接触面处的裂隙类似,也可近似视为等径流动通道,裂隙开度按照张拉裂隙铰接接触面处裂隙的平均开度类似设定。考虑到对于同一岩层而言,各破断块体间是通过同一水平应力挤压接触的,因此可近似视 $d_{2a} = d_{2b} = d_{2c}$。根据上述分析,若取岩层破断回转角为 $8°^{[124]}$,则 1 m 厚的岩层其上端张拉裂隙的上端开度(或下端张拉裂隙的下端开度)即可达到 140 mm。而根据现场曾开展的覆岩导水裂隙注浆封堵的工程实践经验,在注浆骨料粒径为 1 cm 左右的条件下,导水裂隙仍难以有效封堵,可见 d_{2a}(或 d_{2b}、d_{2c})值已达到厘米量级。由此推断,此类岩层破断裂隙的导水流态已不再属于渗流范畴,而属于管流状态。

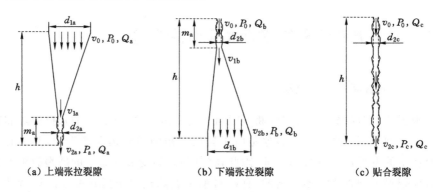

图 3-2　不同破断裂隙断面的水流动特性分析模型

为了进一步确定此类裂隙通道的水流动特性,对其雷诺数 Re 进行了计算。根据非圆通道的雷诺数计算方法[125],则有:

$$Re = \frac{vd}{\mu} \qquad (3-1)$$

式中:v 为裂隙通道过流速度;μ 为水的运动黏度,常温下一般取值 1×10^{-6} m²/s; d 为裂隙通道当量直径,可表示为 $d = \frac{4A}{\chi}$,其中 χ 为裂隙通道的湿周,A 为过流断面面积。

设裂隙通道的宽度为 d',岩层某一破断裂隙在平面上的延展长度为 S,则有:

$$\chi = 2(d' + S), A = d'S$$

由于裂隙通道宽度在数值上远小于其平面延展长度,因此 $\chi \approx 2S$。则 $d = 2d'$,且式(3-1)可进一步简化为:

$$Re = \frac{2vd'}{\mu} \qquad (3-2)$$

由于裂隙通道宽度已达到厘米级别,而从采动破坏含水层中漏失水体的渗流速度一般大于 $10^{-4} \sim 10^{-3}$ m/s,因而按照式(3-2)计算得到的裂隙导流雷诺数至少为 $1 \sim 10$,而这正是渗流流态对应雷诺数的上限值。由此进一步证实了岩层破断裂隙的导水流态应属于管流范畴。

3.2.1.2 裂隙导水特性参数

鉴于岩层破断裂隙的导水流态为管流状态,可利用伯努利方程对其水流动特性进行分析。如图 3-2(a)所示,对于上端张拉裂隙,以裂隙出口处对应水平面为基准面,则有:

$$\frac{P_0}{\rho g} + \frac{\alpha_1 v_0^2}{2g} + h = \frac{P_a}{\rho g} + \frac{\alpha_2 v_{2a}^2}{2g} + h_{la} \tag{3-3}$$

式中:α_1,α_2 分别为裂隙过流进口和出口处的动能修正系数,一般近似取 1;h_{la} 为水流通过裂隙后的水头损失(即能量损失)。h_{la} 可用 v_0 至 v_{1a} 水流段的渐缩通道沿程损失 h_{fa} 和 v_{1a} 至 v_{2a} 水流段的等径通道沿程损失 h_{ma} 之和进行计算,两者可分别表示为:

$$h_{fa} = \xi_a \frac{d_{1a}^2}{d_{2a}^2} \cdot \frac{v_0^2}{2g}$$

$$h_{ma} = \lambda_a \frac{m_a}{d_a} \cdot \frac{v_{1a}^2}{2g} = \lambda_a \frac{m_a}{d_a} \cdot \frac{d_{1a}^2}{d_{2a}^2} \cdot \frac{v_0^2}{2g}$$

即:

$$h_{la} = (\xi_a + \lambda_a \frac{m_a}{d_a}) \frac{d_{1a}^2}{d_{2a}^2} \cdot \frac{v_0^2}{2g} \tag{3-4}$$

式中:ξ_a 为渐缩通道阻力系数,与渐缩通道前后的断面比密切相关,由于 d_{2a}/d_{1a} 一般小于 0.1,因此 ξ_a 取值 0.5[125];m_a 为破断块体铰接接触面长度,可表示为 $m_a = \frac{1}{2}(h - L\sin\beta)$,其中 L 为岩层破断步距;d_a、λ_a 分别为 v_{1a} 至 v_{2a} 水流段等径通道的当量直径及其沿程阻力系数,其中 d_a 根据前节分析可近似为 $2d_{2a}$,λ_a 与雷诺数 Re_a 呈正相关关系,且当 Re_a 小于 2 000 时,裂隙导水流动属于层流。

λ_a 根据莫迪图可计算为[125]:

$$\lambda_a = \frac{64}{Re_a} \tag{3-5}$$

根据式(3-2),Re_a 还可表示为:

$$Re_a = \frac{2Q_a}{\mu S_a} \tag{3-6}$$

式中:S_a 为上端张拉裂隙平面延展长度。

由现场已有的工程经验可知,一般工作面涌水量不超过 2 000 m³/h,因而该裂隙的导水流量也不会超过此极限值。以该极限流量代入式(3-6)可以发现,250 m 宽的常规工作面推进距离超过 26.5 m(对应 S_a 值大于 553 m)时裂隙通道的雷诺数即能小于 2 000 的层流状态临界值,而这一条件一般在基本顶发生初次破断后即可满足。也就是说,岩层破断回转运动产生导水裂隙时对应上端张拉裂隙的导水流动即为层流状态,可以利用式(3-5)进行 λ_a 值的计算。由此式(3-4)可进一步表示为:

$$h_{1a}=\left[0.5+\frac{16(h-L\sin\beta)}{Re_a d_{2a}}\right]\frac{d_{1a}^2}{d_{2a}^2}\cdot\frac{v_0^2}{2g} \tag{3-7}$$

将式(3-7)代入式(3-3),上端张拉裂隙导水流动的伯努利方程可表示为:

$$\frac{P_0}{\rho g}+\frac{v_0^2}{2g}+h=\frac{P_a}{\rho g}+\frac{v_{2a}^2}{2g}+\left[0.5+\frac{16(h-L\sin\beta)}{Re_a d_{2a}}\right]\frac{d_{1a}^2}{d_{2a}^2}\cdot\frac{v_0^2}{2g} \tag{3-8}$$

结合图 3-1(b),对应裂隙的导水流量可表示为:

$$Q_a=v_0 d_{1a}S_a=2(B+Y)v_0 d_{1a} \tag{3-9}$$

式中:B 为工作面宽度;Y 为岩层发生破断区域沿工作面推进方向的长度。

同理,可对下端张拉裂隙以及贴合裂隙对应的导水特性参数进行求解。

对于下端张拉裂隙,令其雷诺数为 Re_b,其过流水头损失同样分为 2 个部分:

$$h_{mb}=\frac{16(h-L\sin\beta)}{Re_b d_{2b}}\cdot\frac{v_0^2}{2g}$$

$$h_{fb}=\left[\frac{8}{Re_b\sin\frac{\beta}{2}}\left(1-\frac{d_{2b}^2}{d_{1b}^2}\right)+\sin\beta\left(1-\frac{d_{2b}}{d_{1b}}\right)^2\right]\cdot\frac{v_0^2}{2g}$$

考虑到 $\frac{d_{2b}}{d_{1b}}$ 值较小而接近于 0,因此下端张拉裂隙的过流总水头损失可简化为:

$$h_{1b}=\left[\frac{16(h-L\sin\beta)}{Re_b d_{2b}}+\frac{8}{Re_b\sin\frac{\beta}{2}}+\sin\beta\right]\cdot\frac{v_0^2}{2g} \tag{3-10}$$

对应伯努利方程为:

$$\frac{P_0}{\rho g}+\frac{v_0^2}{2g}+h=\frac{P_b}{\rho g}+\frac{v_{2b}^2}{2g}+\left[\frac{8}{Re_b\sin\frac{\beta}{2}}+\sin\beta+\frac{16(h-L\sin\beta)}{Re_b d_{2b}}\right]\cdot\frac{v_0^2}{2g} \tag{3-11}$$

裂隙的导水流量为:

$$Q_b=[2(B-L_h)+4nL_h]v_0 d_{2b}=2(B-L_h+2\omega Y)v_0 d_{2b} \tag{3-12}$$

式中:n 为岩层发生周期破断的次数(含初次破断);L_h 为岩层发生"O-X"破断在开采边界处的弧形三角块沿工作面倾向的长度;ω 为 L_h 与岩层周期破断距的比值。

对于贴合裂隙,令其雷诺数为 Re_c,则其过流水头损失为:

$$h_{1c}=\frac{32h}{Re_c d_{2c}}\cdot\frac{v_0^2}{2g} \tag{3-13}$$

对应伯努利方程为:

$$\frac{P_0}{\rho g}+\frac{v_0^2}{2g}+h=\frac{P_c}{\rho g}+\frac{v_{2c}^2}{2g}+\frac{32h}{Re_c d_{2c}}\cdot\frac{v_0^2}{2g} \tag{3-14}$$

裂隙的导水流量为:

$$Q_c=(n-2)(B-2L_h)v_0 d_{2c}=\left(\frac{\omega Y}{L_h}-2\right)(B-2L_h)v_0 d_{2c} \tag{3-15}$$

3.2.2 岩层压剪裂隙水流动特性

对于超前煤岩体在支承压力作用下产生的压剪裂隙的水流动特性,其实质上是岩石峰值应力后的水渗流问题。由于岩体内裂隙的分布杂乱无序,难以对每个裂隙分支分别进行建模分析,因此许多学者选择某一区域的裂隙岩体开展水渗流特性的实验测试与理论建模工作[54-58,126-128],取得了许多显著成果。相关研究指出,该类裂隙岩体水流动特性呈现 Forchheimer 型非达西渗流特性,其渗透率 k 一般处于 $10^{-11}\sim10^{-8}\ cm^2$ 的量级。相比上述岩层破断裂隙,其导流能力已大幅度降低。根据 Forchheimer 提出的二项式方程,其渗流压力梯度 ∇P 与渗流流量 Q 满足下式:

$$\nabla P=\frac{\sigma}{kA}Q+\frac{\rho\varphi}{A^2}Q^2 \tag{3-16}$$

式中:ρ 为水的密度;φ 为非达西因子;σ 为水的动力黏度,常温下一般取值 $1\times10^{-3}\ Pa\cdot s$。

由此可根据式(3-16)确定其渗流流量的表达式为:

$$Q=\frac{A}{2\rho\varphi}\left(\sqrt{\frac{\sigma^2}{k^2}-4\ \nabla P\rho\varphi}-\frac{\sigma}{k}\right) \tag{3-17}$$

式中过流断面面积 A 根据图 3-1(b)表示为 $A=2\Delta(B+Y)$,其中 Δ 为压剪裂隙在岩层平面上的分布宽度,即覆岩导水裂隙带轮廓线在该岩层的侧向偏移位置距岩层破断裂隙的水平距离[见图 3-1(b)]。

而对于岩层压剪裂隙的其他相关水渗流特性的描述,考虑到已有许多学者开展了丰富研究,本章不再赘述。

3.2.3 不同类型导水裂隙的水流动特性对比

根据前述各种裂隙类型对应的导流参数,可对不同类型导水裂隙的水流动特性进行对比分析。考虑到采动岩层的破断运动受控于覆岩关键层[50],因而导水裂隙的发育也与关键层的破断运动密切相关。因此,本节专门选取覆岩关键层中产生的导水裂隙进行水流动特性的对比分析。

3.2.3.1 裂隙导水流量

对于岩层破断裂隙的 3 种类型导水裂隙,其导水流量的差异主要在于裂隙的平面延展长度及其导流进口处的裂隙开度。其中,下端张拉裂隙和贴合裂隙的进流口开度可近似视为相等,即 $d_{2b}=d_{2c}$,而上端张拉裂隙的进流口开度 d_{1a} 与前两者一般存在 100 倍的差异(d_{1a} 值一般为分米或米级,而 d_{2b}、d_{2c} 值一般为厘米或毫米级)。即 $d_{1a}:d_{2b}:d_{2c}\approx100:1:1$。而对于各裂隙的平面延展长度,主要受工作面开采参数和岩层破断参数的影响,其中 B、L_h、ω 值受开采条件影响其变化相对较小,岩层发生破断区域的走向长度 Y 值受工作面推进距离变化影响可由数百米至数千米,变化幅度相对较大。为了便于对比各类裂隙 S 值之间的差异,按照现场工程一般经验和实测结果,取工作面宽度 B 为 250 m;关键层弧形三角块长度 L_h 一般为 30~50 m,取值 40 m;关键层周期破断距一般为 10~25 m,因而 ω 一般为 2~5,本次取值 3.5。由此根据式(3-9)、式(3-12)、式(3-15)可得到关键层 3 种破断裂隙平面延展长度与工作面推进距离的关系曲线,绘制如图 3-3 所示。从图 3-3 中可以看出,在目前国内已有工程案例 5 000 m 推进距离的最大值条件下,无论工作面推进距离如何,下端张拉裂隙和贴合裂隙的 S 值基本相同,且其值一般为上端张拉裂隙对应 S 值的 4~7 倍。由此,综合 3 种裂隙的进流口开度比值,它们的裂隙导流流量的比值为 $Q_a:Q_b:Q_c\approx100:(4\sim7):(4\sim7)$。这说明上端张拉裂隙相较于其他两种破断裂隙其导水流量明显偏大。

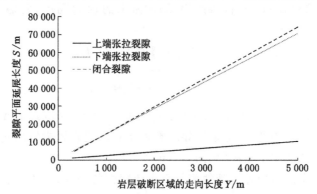

图 3-3　3 种破断裂隙平面延展长度对比曲线

而对于岩层压剪裂隙的导水流量,由式(3-17)可知,除了与在关键层破坏区域的分布面积 A 和渗流压力梯度有关外,还与裂隙的渗透率 k 及其非达西因子 φ 密切相关。与上述 3 种类型的岩层破断裂隙类似,A 的取值主要受 Y 的影响而有较大变化幅度。类似地,令工作面宽度 B 为 250 m;压剪裂隙在岩层平面上

的分布宽度 Δ 一般为 $5\sim25$ m,取值 15 m;则 $A=7\,500+30Y$。根据已有研究结果[54-58,126-128],该类裂隙的非达西因子 φ 一般为 $10^{12}\sim10^{15}$ m^{-1} 量级;若取 $\varphi=5\times10^{13}$ m^{-1},渗透率 k 取值 5×10^{13} m^2,水的密度取 10^3 kg/m^3,则式(3-17)可进一步简化为:

$$Q=10^{-8}A(\sqrt{0.2\,\nabla P+4}-2) \tag{3-18}$$

含压剪裂隙岩体的水压梯度一般处于 $10^4\sim10^6$ Pa/m 量级[21-23],而对于岩层破断裂隙进口处的初始水流速度 v_0,实际是含水层受采动破断后其漏失水体涌出含水层而进入其与下部岩层之间层理空间时的瞬时速度,其值一般为 10^{-4} m/s 量级[129]。以压剪裂隙中 10^4 Pa/m 的压力梯度量级为例,可对这 2 类 4 种裂隙的导水流量与工作面推进距离的关系曲线进行绘制,如图 3-4 所示(3 种破断裂隙的进流口开度 d_{2a}、d_{2b}、d_{2c} 分别取值 1 m、1 cm、1 cm)。

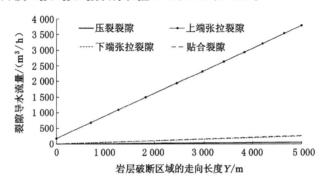

图 3-4　不同类型裂隙的导水流量对比曲线

从图 3-4 可以看出,上端张拉裂隙的导水流量显著高于其他 3 种裂隙对应的流量,下端张拉裂隙和贴合裂隙的导水流量基本接近,且导水流量次之;而压剪裂隙的导水流量则是其中最小的,约为下端张拉裂隙(或贴合裂隙)导水流量的 $20\%\sim30\%$,但仅为上端张拉裂隙导水流量的 1.5%。

3.2.3.2　裂隙导水流动损耗

对于岩层破断裂隙的 3 种类型导水裂隙,由式(3-7)、式(3-10)、式(3-13)可知,其导流后的水头损失主要与雷诺数以及裂隙发育形态尺寸有关。考虑到 d_{1a} 与 d_{2b}、d_{2c} 近似相等,且 d_{1a} 近似为 d_{2a} 的 100 倍,因此有:

$$Re_a:Re_b:Re_c=\frac{Q_a}{S_a}:\frac{Q_b}{S_b}:\frac{Q_c}{S_c}=d_{1a}:d_{2b}:d_{2c}=100:1:1$$

所以:

$$h_{1a}-h_{1c}=\left[0.5\times10^4+\frac{1\,600(h-L\sin\beta)-32h}{Re_c d_{2c}}\right]\cdot\frac{v_0^2}{2g} \tag{3-19}$$

由于 $\dfrac{h-L\sin\beta}{h}=1-\dfrac{L}{h}\sin\beta$，$\dfrac{L}{h}$ 表示关键层破断块体块度，一般取值 1.3；β 一般不超过 $15°$，因而 $h-L\sin\beta$ 不小于 $0.66h$；所以式(3-19)必然大于 0，即 $h_{1a}>h_{1c}$。同理，可将 h_{1b} 与 h_{1c} 进行对比，取 β 为 $8°$，则：

$$h_{1c}-h_{1b}=\left[\dfrac{16(h+0.14L)}{Re_c d_{2c}}-\dfrac{114}{Re_c}-0.14\right]\cdot\dfrac{v^{20}}{2g} \tag{3-20}$$

由于 d_{1c} 值一般为 $10^{-3}\sim10^{-2}$ m，Re_c 值不超过 2 000，因此，式(3-20)的计算结果也是大于 0 的，即 $h_{1c}>h_{1b}$。所以有：

$$h_{1a}>h_{1c}>h_{1b} \tag{3-21}$$

在裂隙出口处，3 种裂隙对应的水流速度比值为：

$$v_{2a}:v_{2b}:v_{2c}=\dfrac{v_0 d_{1a}}{d_{2a}}:\dfrac{v_0 d_{1b}}{d_{2b}}:v_0=10^4:1:10^2 \tag{3-22}$$

由此根据式(3-8)、式(3-11)、式(3-14)所示的伯努利方程可知，3 种裂隙出口处的水压有：

$$P_a<P_c<P_b \tag{3-23}$$

综合上述分析可知：上端张拉裂隙导流的水头损失和水压衰减最大，但出口处的水流速度递增最快；下端张拉裂隙导流的水头损失和水压衰减最小，但出口处的水流速度递减最快；贴合裂隙导流的相关特性参数变化趋势介于上述两者之间。

而对于水体在压剪裂隙中的渗流，其导水流动损耗相对较小，一般呈现渗流速度缓慢递增、水压缓慢递减的状态，且两者的变化幅度基本一致；仅当渗流水体进入其他类型裂隙（如上端张拉裂隙）赋存区域时，上述渗流速度的递增和水压的递减才会出现突变，并造成流动损耗的大幅度提升[54-58,126-128]。由于它与岩层破断裂隙分属两种截然不同的导水流动状态，尚难以对其两者的流动损耗情况进行对比。

3.2.4 讨论

（1）为了研究分析的简便，本章是以覆岩中典型的岩层关键层作为研究对象开展不同类型导水裂隙水流动特性对比分析的。但受覆岩中各岩层物理、力学特性差异的影响，不同岩层中各类导水裂隙的发育参数与本章中所述关键层的相关参数可能有所不同（如裂隙的平面延展长度、裂隙开度等），从而可能影响到该岩层中各类裂隙相关导水流动参数的绝对值。例如，覆岩中某些软弱岩层跟随关键层发生顶板"O-X"破断时[25]，其破断块体并不一定如图 3-1(b)所示在平面上呈现一个整体，而有可能在倾向上也发生几次破断，由此该岩层对应贴合裂隙的平面延展长度将比图 3-1(b)所示增大数倍。但受岩层破断运移空间总量的限制,裂隙平面延展量的增多必然带来单一裂隙开度的减小,从而裂隙的最终导流参数值难以出现倍增的现象。所以,对于同一岩层而言,其发育的各类裂隙之间导流特性的相互差异是基本不变的。

(2) 采动漏失水体经由导水裂隙穿越某一岩层上下界面后,受相邻岩层间离层空间发育的影响,从各区域裂隙流出的水体会在离层区重新达到另一流动状态。即进入下一岩层裂隙进口处的水流动状态已不再等同于上一岩层对应裂隙出口处的水流动状态。尤其是水体流动穿越开采边界附近对应关键层上下界面后,由于关键层底界面离层发育最为明显且空间较大[50,130],裂隙导水流动特性的重置现象会更为突出。从这个角度看,采动漏失水体由含水层流至井下采出空间的水流动过程可能并非连续的。这也进一步说明:将覆岩导水裂隙带内岩层单纯按峰后或破碎岩体作为一个整体来研究其导水流动特征和规律是不合适的。

3.3 覆岩导水裂隙主通道分布模型

由 3.2 节的分析可知,采动覆岩不同区域因其不同的受力环境和破断运移特征而产生了不同形态的导水裂隙,从而造成了覆岩不同区域明显差异的导水流动特征。结合上述研究结果,可对采动覆岩导水裂隙主通道分布进行模型构建与区域划分。

3.3.1 岩层裂隙导水的主通道分布模型

根据 3.2.3 小节不同类型导水裂隙的水流动特性对比分析结果可知:处于开采边界附近的上端张拉裂隙,无论相较于同类型的破断裂隙(下端张拉裂隙、贴合裂隙),还是导水裂隙带侧向偏移处的压剪裂隙,它的裂隙过流能力都明显偏高;主要特征表现为裂隙进流口开度大、导水流量高、出口流速快等。

而从同一岩层不同导水裂隙之间的导水流动路径看,各裂隙导流后受水压差异的影响,各自间又存在一定的水补给作用,如图 3-5 所示。上端张拉裂隙出水口处于较低的水压状态,而处于其两侧的压剪裂隙区和下端张拉裂隙出水口均呈现相对较高的水压状态,由此在水压梯度作用下,两侧的裂隙导流水体将会向上端张拉裂隙处汇聚。具体表现为:压剪裂隙区的高压水体沿岩层内的压剪裂隙向上端张拉裂隙通道内补给,而下端张拉裂隙出水口的高压水体则沿岩层之间的离层空间向其出水口补给。而由于下端张拉裂隙与贴合裂隙出水口处的水压差异相对偏小,且两者之间的水径流补给通道相对前者的离层空间较小(贴合裂隙区处于岩层压实状态,层间离层难以发育),因而,由下端张拉裂隙出水口向贴合裂隙区补给的水流量相对前者将明显偏小。

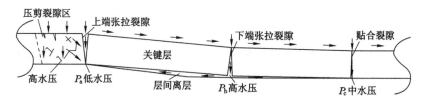

图 3-5　关键层各区域导水裂隙导流路径示意图（箭头为水流动路径）

由此可见，无论是从裂隙的导水流量、流速还是从裂隙的导流路径来看，含水层受采动破坏后引起的井下工作面涌水大多是由压剪裂隙区和下端张拉裂隙之间的裂隙导流而来。依据此，可根据上端张拉裂隙的发育区域进行覆岩导水裂隙主通道分布区域的划分。

由于煤系地层中各岩层在岩性、厚度、力学强度以及受力环境等方面都存在较大差异，若对采动覆岩各层岩层都进行上端张拉裂隙发育位置的确定，将存在较大难度。考虑到岩层的破断运移直接受控于覆岩关键层[50]，因此可根据关键层的破断运动特征及其裂隙发育规律来探寻导水裂隙主通道的分布范围。基于上述思路，考虑工作面开采处于充分采动状态，构建了如图 3-6 所示的覆岩导水裂隙主通道分布剖面模型。从图 3-6 中可以看出，导水裂隙主通道分布区域位于开采边界两侧，并近似以导水裂隙带内各层关键层在开采边界处的破断距为宽度，形成类似梯形的区域。图中 l_{c1}、l_{c2} 分别代表关键层 1、关键层 2 的超前破断距，L_1、L_2 分别代表两关键层在开采边界处的破断距，且在倾向剖面上该破断距为关键层弧形三角块破断长度，在走向剖面上则为关键层的周期破断距（对应停采线处的开采边界）或初次破断距的一半（对应切眼处的开采边界）。也就是说，若覆岩导水裂隙带高度发育至某关键层 i 底界面时，则导水裂隙主通道分布区域的一侧边界为该关键层直至关键层 1 超前破断位置的连线，而另一侧边界则为导水裂隙带内关键层超前破断块体末端连线，并从关键层 $i-1$ 相应位置按岩层破断角 α 向上延伸至导水裂隙带顶界面。

3.3.2　讨论

（1）利用导水裂隙主通道分布模型可科学指导覆岩导水裂隙人工限流，达到含水层保护与生态修复的目的。现场已有的开采实践表明，在我国西北部等煤炭资源丰富的高强度开采矿区，覆岩导水裂隙带常易直接发育至地表，单纯依靠限制导水裂隙发育的方式进行保水采煤往往难以实现，采取人工干预措施对覆岩中已形成的导水裂隙实施人工修复（如注浆封堵）成为解决这一难题的有效

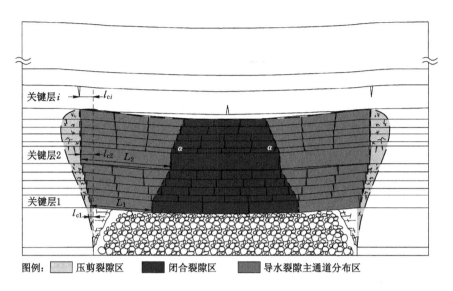

图例：☐ 压剪裂隙区　■ 闭合裂隙区　■ 导水裂隙主通道分布区

图 3-6　采动覆岩导水裂隙分区及其主通道分布剖面模型（充分采动状态）

途径[2,30]。人工干预措施的修复范围往往将采动覆岩所有区域的导水裂隙包括在内，这在理论上虽然能彻底隔绝地下水的漏失通道，但实际实施时却存在难度大、施工复杂、成本高等缺点。因此，若能依据图 3-6 所示的导水裂隙主通道分布模型，集中对导水裂隙主通道区域采取注浆封堵等人工干预修复措施，这无疑能将采空区大部分涌水阻截在导水裂隙之外；地下水仅能从导水裂隙带主通道分布区域之外的其他小流量裂隙渗漏。如此虽未能彻底消除井下涌水，但却大大提高了实施效率和便利程度，不失为导水裂隙人工限流的一项有效保水对策。

（2）导水裂隙主通道分布模型合理解释了现场开采实践中常出现的采煤工作面涌水对邻近老采空区涌水的"袭夺"现象（即采煤工作面涌水会减小邻近已采采空区的原有涌水量）。设单一工作面开采后（充分采动）覆岩导水裂隙主通道分布平面图如图 3-7(a)所示，当邻近工作面回采时，回采区域对应区段煤柱实际已处于两工作面采空区的中部压实区（区段煤柱一般极易发生失稳），从而该区域对应已采工作面覆岩导水裂隙主通道将会消失，由此造成了已采工作面采空区涌水量的减少；且随着邻近采煤工作面的不断推进，已采工作面采空区涌水量会因导水裂隙主通道分布区域的逐步减小而不断降低，而采煤工作面涌水量则随之增高，如此才出现了两工作面采空区涌水量的"袭夺"现象。

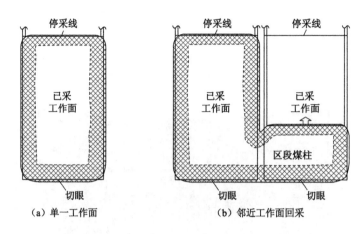

| （a）单一工作面 | （b）邻近工作面回采 |

图 3-7　邻近工作面回采对采空区导水裂隙主通道分布的影响

3.4　本章小结

（1）根据岩层采动导水裂隙产生原因的不同，将其划分为 2 类：一类为开采边界外侧煤岩体受超前支承压力作用而产生的峰后压剪裂隙；另一类为由岩层周期性破断回转运动产生的拉剪裂隙。后者根据不同区域岩层破断块体回转运动状态的差异又可细分为 3 种类型：开采边界附近的上端张拉裂隙和下端张拉裂隙，以及中部压实区的贴合裂隙。

（2）超前煤岩体峰后压剪裂隙的导水流态属于非达西渗流，其导水流动常呈现渗流速度缓慢递增、水压缓慢递减以及渗流流量小等特征；仅当渗流水体进入其他类型裂隙赋存区域时，其水流动状态才会出现突变，并造成流动损耗的大幅度提升。

（3）岩层破断运动形成的拉剪裂隙，因其导水雷诺数相对偏高，属于管流范畴的导水流态。受其分属的 3 种类型导水裂隙不同发育形态的影响，各种裂隙呈现明显不同的导水流动特征。上端张拉裂隙导流的水头损失和水压衰减最大，但流速递增最快、流量最高；下端张拉裂隙导流的水头损失和水压衰减最小，但出口流速递减最大；贴合裂隙的导流特性参数化趋势则介于上述两者之间。

（4）地下水经由导水裂隙穿越某一岩层上下界面后，受相邻岩层间离层空间发育的影响，各区域裂隙流出的水体会在离层区重新达到另一流动状态；尤其是在水流穿越开采边界附近对应关键层上下界面后，由于关键层底界面离层发育最为明显且空间较大,裂隙导水流动特性的重置现象会更为显著。可见,采动漏失水体由含水层流至井下采出空间的水流动过程可能并非连续的。

(5)根据岩层破断形成的上端张拉裂隙的发育区域进行了覆岩导水裂隙主通道分布模型的构建;导水裂隙主通道分布区域位于开采边界两侧,且是以裂隙带内各关键层在开采边界附近的超前破断位置及其破断距设定边界而形成的类梯形区域。该模型为合理实施导水裂隙人工限流的保水采煤对策以及人工限流区域的科学选取提供了依据,同时也合理解释了现场采煤实践中常出现的采煤工作面涌水对邻近采空区涌水的"袭夺"现象。

4　水-气-岩相互作用下覆岩导水裂隙自修复机制

现场已有一些工程实践发现,煤层开采引起的破坏覆岩在一定条件下会产生一定程度的自我修复效应,出现破碎岩块的胶结成岩以及破断裂隙的弥合甚至尖灭等现象,从而使得覆岩导水裂隙发育范围减小、区域水源水位回升。如,厚煤层分层开采中利用"再生顶板"[40-43]进行下分层顶板管理的开采实践,说明了上分层冒落岩块的自胶结成岩现象。再如,神东矿区补连塔煤矿 1^{-2} 煤四盘区开采时,覆岩导水裂隙直接发育至基岩顶界面,导致地表水文观测钻孔内水全部漏失;而随着工作面开采的继续推进,钻孔内水位又出现逐步恢复的现象[1,7]。文献[131]、[132]利用物探方法开展的煤层开采前后覆岩含水性分布变化的结果也验证了采动破坏岩体裂隙自修复的现象;以神东矿区超大综采工作面为地质背景,采用高精度四维地震多属性探测方法,获得了采前、采中、采后直至稳定状态下地下水赋存环境变化特征,发现在应力场作用下,裂隙带原岩结构具有自修复倾向,地下水漏失程度也随之逐步减弱。由此可见,采动破坏覆岩的自修复是现实存在的客观现象,研究揭示此类自修复现象的发生机理与作用规律对于科学制定导水裂隙限流保水的含水层保护与生态修复措施具有重要的指导意义。

实际上,采动覆岩破坏后的自修复是地下水、采空区气体、破坏岩体三者的"水-气-岩"物理、化学作用与地层采动应力共同影响的结果[45],现场工程实践中经常遇到的泥质或黏土质岩石遇水膨胀导致裂隙弥合的物理过程和现象[88-90]即其中的典型代表。导水裂隙在采动覆岩中形成后,会与漏失地下水、采空区中的 CO_2 、 SO_2 、 H_2S 等气体发生长期的物理、化学反应,在此过程中会发生岩体结构的损伤软化和沉淀物或次生矿物的衍生[73-81],由此促使导水裂隙在采动应力压密和沉淀物封堵等作用下逐步修复愈合。因此,基于水-气-岩相互作用开展采动岩体导水裂隙自修复机理的研究十分重要。本章利用不同岩性的破坏岩石与不同化学特性的水溶液、 CO_2 等,开展了长期水-气-岩相互作用过程中破坏岩样的渗透性变化测试,由此揭示了采动破坏岩体裂隙自修复的作用机理,为采动含水层保护与生态修复奠定了重要理论基础。

4.1 覆岩导水裂隙自修复的工程案例

自修复现象是自然界中万物变迁过程中普遍存在的现象,采煤塌陷区形成的破坏地层亦是如此。通过工程案例调研与现场实测发现,煤层开采引起的覆岩导水裂隙在其发育后的长期演变过程中,确实存在一定的自修复现象。下面就选取我国几个典型矿区的案例进行分析和介绍。

4.1.1 案例1:亭南煤矿204工作面导水裂隙带高度降低

亭南煤矿位于陕西省亭口镇,204工作面是该矿第一个大采高综采工作面。工作面宽度为200 m,走向推采长度为2 150 m。开采煤层厚度为16.9～21.0 m,平均厚度为19.1 m,设计采高为6.0 m;煤层埋深为453～697 m,倾角为0°～5°,属于近水平煤层。由于工作面采高较大,开采引起的覆岩导水裂隙沟通了上覆含水层,造成工作面最大涌水量达到213 m³/h,给矿井防水工作带来了极大压力。为了确保后续工作面的安全开采,矿井于2012年6月在工作面采空区对应地表开展了覆岩导水裂隙带高度的钻孔探测[如图4-1(a)所示的D2钻孔],采用冲洗液漏失量法进行测试。测试结果显示,钻孔钻进至孔深210 m左右时开始出现冲洗液大量漏失的现象[见图4-1(b)],而在钻进至孔深280 m左右时,钻孔冲洗液全部漏失,并导致钻孔水位突然下降。由此说明由孔深210 m位置开始,已逐步进入覆岩导水裂隙带范围。

时隔5年,亭南煤矿于2017年9月又对204工作面的覆岩导水裂隙带高度进行了探测,同样采用钻孔冲洗液漏失量测试方法。探测钻孔Y2布置位置即位于上述首次探测钻孔D2的附近[如图4-1(a)所示],两者间距为30 m。测试过程中发现,Y2钻孔钻至孔深210～280 m位置并未出现如上述测试过程中的冲洗液大量漏失现象,直到孔深390 m左右位置时才出现冲洗液大量漏失[见图4-1(b)]和钻孔水位显著下降的现象。由此可见,经过约5年的时间,覆岩导水裂隙带高度已有显著下降,体现出覆岩导水裂隙在发育后的长时间演变过程中出现自然修复现象。

4.1.2 案例2:敏东一矿16301工作面采空区涌水量衰减

敏东一矿位于内蒙古海拉尔区境内,16301工作面为矿井西翼采区的首采工作面,工作面倾向宽度为197.5 m,走向推进长度为1 375 m,采用综采放顶煤开采工艺。工作面开采16-3煤层,煤层埋深为310～370 m,平均倾角为5°,煤

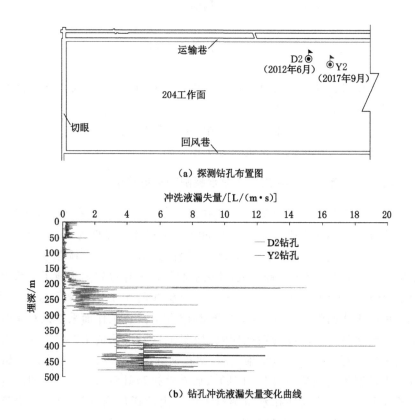

(a) 探测钻孔布置图

(b) 钻孔冲洗液漏失量变化曲线

图 4-1 亭南煤矿 204 工作面导水裂隙带高度实测

层厚度为 7.6~15.1 m,采放总厚度平均为 8.0 m。与前述亭南煤矿 204 工作面类似,工作面较大的采高导致覆岩导水裂隙直接沟通了上覆含水层,造成工作面最大涌水量达到 455 m³/h。然而,历时 1 a 左右,工作面涌水量就衰减至 180 m³/h 左右,如图 4-2 所示。通过工作面附近水文地质钻孔对含水层赋水状态的观测发现,工作面开采过程中水文钻孔内的水位一直保持不变,说明工作面开采区域对应上覆含水层赋水水压未发生明显改变,可见其水源补给处于稳定状态。由此说明,工作面采空区涌水量的衰减与导水裂隙通道过流能力的降低有关,导水裂隙通道在这 1 a 左右的时间内发生了一定程度的闭合,发生了与案例 1 类似的自然修复现象,最终引起涌水量的减小。

4.1.3 案例 3:宝清露天煤矿抽水钻孔结垢堵孔

宝清露天煤矿位于黑龙江省宝清县,由于煤层埋深浅、厚度大,故采用露

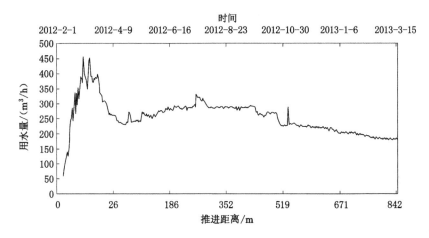

图 4-2　敏东一矿 16301 工作面采空区涌水量变化曲线

天开采方式。考虑到矿区地下水赋存较丰富,专门施工了抽水钻孔对地下含水层储水进行疏排。钻孔抽水过程中发现,抽水疏排 10 个月左右即出现了钻孔孔壁及抽水管路的结垢现象,结垢物厚度达到 2～5 cm;随后 5～6 个月时间,结垢物逐渐增多,最终导致钻孔堵塞,严重影响了矿井的疏排水工作,如图 4-3(a)所示。

通过对钻孔结垢物和抽水水样进行取样和测试后发现,钻孔孔壁的结垢物主要为铁的氧化物、SiO_2,以及含铝、钙、磷等元素的固体混合物[图 4-3(b)～(e)];而含水层水样中的可溶性 SiO_2 和游离 CO_2 含量也较一般地下水显著偏高,分别达到了 48.25 mg/L 和 37.22 mg/L。分析发现,抽水钻孔出现的结垢堵塞现象与含水层疏排水体、地下岩体矿物、钻孔铁质套管这三者间发生的物理化学作用密切相关。钻孔抽水过程中会将含水层中一些矿物颗粒带走,同时含水层中的可溶性 SiO_2、可溶性 CO_2 等会与铁质套管发生氧化反应,生成一些结晶物或沉淀物[如 $Fe(OH)_3$][133],由此在钻孔孔壁逐渐附着与累积,最终减小了钻孔的过流断面导致堵孔。由此可见,若将抽水钻孔视为富含铁矿物的岩体受采动破坏而形成的导水裂隙通道,那么含水层漏失水体在裂隙通道的长期流动过程中同样会发生与上述类似的物理化学作用,最终形成的固结物将裂隙通道封堵,呈现出导水裂隙的"自修复"现象。因此,从这个角度看,宝清露天煤矿抽水钻孔的堵塞案例一定程度上也佐证了覆岩导水裂隙可发生自修复的结论。

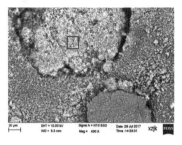

元素	质量 百分比	原子 百分比
C K	3.14	8.00
O K	24.98	47.72
Si K	4.22	4.60
P K	5.68	5.60
Ca K	0.82	0.63
Fe K	61.15	33.46

（b）扫描电镜（SEM）测试照片　　（c）图4-4（b）方框处的
（含铁氧化物）　　　　　　　能谱分析

元素	质量 百分比	原子 百分比
C K	6.99	11.57
O K	45.96	57.08
Al K	0.41	0.30
Si K	41.08	29.07
Fe K	5.56	1.98

（a）钻孔孔壁结垢物　　（d）扫描电镜（SEM）测试照片　　（e）图4-4（d）方框处的
　　　　　　　　　　　（石英）　　　　　　　能谱分析

图 4-3　宝清矿抽水钻孔孔壁结垢及其化学成分分析

4.2　砂质泥岩压剪裂隙岩样在水-CO_2-岩相互作用下的降渗特性实验

4.2.1　实验方案设计

4.2.1.1　试样的制备

实验岩样选择由某煤矿采集的砂质泥岩，通过 X 衍射测试得到该砂质泥岩主要由石英、菱铁矿及黏土矿物等组成，具体成分占比详见表 4-1。首先将岩样加工成直径为 5 cm、高为 10 cm 的圆柱形试件，然后将试件放入 MTS 压力机集中进行人为加载破坏，从而形成含有裂隙的岩石试件，如图 4-4 所示。

表 4-1　实验前后砂质泥岩裂隙面各类矿物成分的变化　　　　单位：%

岩石样品		石英	菱铁矿	TCCM(黏土矿物)					
				总含量	伊/蒙间层	伊利石	高岭石	绿泥石	I/S 间层比
实验前岩样		29	52	19	50	12	28	10	25
实验后岩样	方案 1(酸性水溶液)	51	21	28	10	4	86	—	15
	方案 2(碱性水溶液)	30	51	19	42	11	47	—	18

注：表中所列数据为各类矿物占岩石总矿物成分的相对百分比，而非绝对量。I/S 间层比表示伊/蒙间层中伊利石的占比。

图 4-4　人为破坏后的裂隙岩石试件

4.2.1.2　水溶液配置

实验用水溶液采取 2 种方案，方案 1 为从某煤矿采集的地下水样，方案 2 为根据方案 1 地下水样配置的水溶液。两种方案对应水溶液的主要离子成分及 pH 值详见表 4-2。考虑到现场采集的地下水样的水质类型为 HCO_3^--Na 型，且呈弱酸特性，为了对比分析不同酸碱度水溶液对裂隙岩石自修复特性的影响，根据现场水样的化学成分采用 $NaHCO_3$ 试剂进行水溶液的配置，并控制 pH 值使其呈弱碱性。

表 4-2　实验前后水溶液主要离子成分与 pH 值

实验方案		离子含量/(mg/L)										pH 值
		Na^+	HCO_3^-	CO_3^{2-}	Cl^-	NH^{4+}	Fe^{3+}、Fe^{2+}	K^+	Ca^{2+}	Mg^{2+}	NO^{2-}	
方案 1 (现场水样)	实验前	36.87	162.74	0.05	4.33	0.84	0.09	0.06	13.79	8.60	0.24	6.60
	实验后	88.96	312.42	14.4	9.57	0	0	5.38	24.79	20.55	0	8.12

表 4-2(续)

实验方案		离子含量/(mg/L)										
		Na^+	HCO_3^-	CO_3^{2-}	Cl^-	NH^{4+}	Fe^{3+}、Fe^{2+}	K^+	Ca^{2+}	Mg^{2+}	NO^{2-}	pH 值
方案 2 (配置水样)	实验前	372.62	899.5	48.74	6.95	1.55	0.07	0.02	2.08	0.26	0.01	8.43
	实验后	465.05	1 126.12	99.61	9.36	1.77	0.47	3.49	0.36	0.37	10.5	8.83

4.2.1.3 实验过程

将裂隙岩石试件的圆柱侧面用硅胶涂抹密封,然后将其封装至水-CO_2-岩相互作用容器中,并用树脂胶对试件与容器之间的空隙进行填充,使得水溶液仅能通过试件的上下面渗流。向容器中倒入水溶液,并用气管插入水溶液中持续提供 CO_2 气体,如图 4-5 所示。考虑到方案 2 水溶液呈碱性,持续通入 CO_2 气体会降低其 pH 值,影响实验评价目标,因此仅对方案 1 的现场采集水样通入 CO_2。CO_2 气体的通入流量为 $4\sim6$ mL/min。

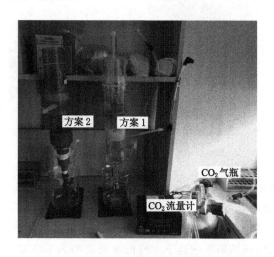

图 4-5　水-CO_2-岩相互作用实验装置

实验过程中间隔 $1\sim2$ 周打开泄水阀进行裂隙岩石试件的水渗流特性的测试,测试完毕后将放出的水溶液重新倒回容器中,继续进行水-CO_2-岩相互作用。具体测试时,首先测试水溶液温度并确定其黏度;其次打开泄水阀使水溶液在自重条件下沿裂隙岩样渗流(考虑到裂隙岩样的渗透性相对偏高,故未专门施加水压),根据水溶液渗流时其液面降低一定高度对应的压力梯度、流量和速度,计算岩样的绝对渗透率值。实验结束后(持续约 8 个月),从容器中取出岩石试件,放出水溶液,对裂隙面附近的岩石矿物成分和水溶液离子成分进行测试,并与实验前岩样的矿物成分和水溶液离子成分进行对比,以评价长期水-CO_2-岩相互作用对岩石矿物成分和水溶液离子成分的影响规律。

4.2.2 实验过程中裂隙岩石试件的水渗流变化特征

经过近 8 个月的水-CO_2-岩相互作用实验,测试得到了砂质泥岩含裂隙试件分别在酸性和碱性溶液条件下的水渗流特征变化规律。如图 4-6 所示的裂隙岩石试件随实验时间的绝对渗透率变化曲线,无论是在酸性溶液还是在碱性溶液条件下,无论水溶液中是否通入 CO_2 气体,裂隙岩石试件的绝对渗透率均呈现逐步下降的趋势。其中,方案 1 酸性溶液条件下,在实验的前 120 d 内,裂隙岩石试件的绝对渗透率由 4.32 D 逐步降低至 0.185 D;而后在后续的 111 d 内又缓慢降低至 5.58×10^{-3} D 的最低值(仅为初始值的 0.13%);绝对渗透率的递减呈现出明显的分段变化特征。与此类似,方案 2 碱性溶液条件下裂隙岩石试件的绝对渗透率也呈现出类似的特征,但在分段变化趋势上又与方案 1 表现出一定的差异。在实验开始的 47 d 内,绝对渗透率由 10.6 D 呈波动式快速降低至 0.871 D,继而在后续的 45 d 内缓慢下降至 0.076 9 D 的最低值,而后又在实验末期的 123 d 内出现绝对渗透率小幅度回升现象,其值在 0.233~0.629 D 间波动,平均约为 0.431 D,为初始值的 4.1%。由此可见,虽然两个方案对应裂隙岩石均表现出明显的自修复特征,但受水溶液酸碱度的影响,其自修复进程又呈现出明显差异。碱性条件下裂隙岩石的自修复进程相对更快,但其最终的绝对渗透率却明显偏高,其相对初始值的下降幅度也明显偏低,且在实验末期还出现了水渗透率的反弹现象。这显然是与不同酸碱度水溶液下水-CO_2-岩的相互作用过程紧密相关的,同时也与两者明显不同的初始渗透率有关(方案 2 使用的岩石试件受人为破坏程度更大,裂隙发育程度更为丰富),具体将在后面讨论分析。

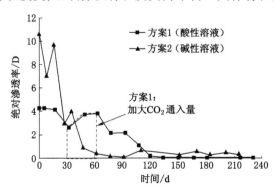

图 4-6 裂隙岩石试件的绝对渗透率变化曲线

值得说明的是,在方案 1 实施过程中,为了探究 CO_2 通入流量是否会对裂隙岩石的自修复进程产生影响,在实验进行的第 2 个月时间阶段(第 32～63 d),将 CO_2 通入量加大至 15～20 mL/min,由此造成裂隙岩石试件绝对渗透率明显上升;而后当将 CO_2 通入量恢复至原来的 4～6 mL/min 时,裂隙岩石试件的绝对渗透率也相应恢复为递减趋势;可见 CO_2 通入量提高对裂隙岩石自修复进程会有明显的抑制作用。

4.2.3　实验前后岩石试件裂隙面矿物组分变化

在实验结束后,将裂隙岩石试件由反应容器中取出后发现,无论是方案 1 还是方案 2,试件表面及其裂隙面均附着了一些铁锈或泥质成分的物质,如图 4-7 所示。由此反映出水-CO_2-岩相互作用过程中相关物理、化学作用导致的部分衍生矿物或沉淀物的生成。通过对实验后裂隙面刮取部分岩样进行扫描电子显微镜(SEM)和 X 射线衍射(XRD)测试,发现裂隙面矿物的微观结构及其组分均发生了明显变化。

(a) 方案 1　　　　　　　　　　(b) 方案 2

图 4-7　实验后裂隙岩石试件表面附着的铁、泥质成分物质

4.2.3.1　裂隙面矿物晶体的微观结构变化

通过对两个方案实验前后对应裂隙面各类矿物的微观结构形态进行扫描电镜测试后发现,在长期的水-CO_2-岩相互作用下,岩石试件裂隙面发生了原生矿物的溶解、溶蚀以及出现新的衍生矿物或沉淀物的现象。

无论是方案 1 酸性水溶液还是方案 2 碱性水溶液条件下,岩石试件裂隙面的菱铁矿、绿泥石、伊利石或伊/蒙间层等矿物的微观结构形貌都发生了显著改变,矿物晶体的溶解、溶蚀现象十分明显。如图 4-8 所示,根据其能谱分析的元素构成及微观形貌可判断其为菱铁矿晶体。从图中可见,实验前原岩中的菱铁矿晶体表面光滑、棱角分明,实验后的菱铁矿晶体却呈现出表面粗糙、棱角模糊且有明显溶蚀缺口的现象。绿泥石以及伊利石或伊/蒙间层矿物晶体也发生了类似的变化,分别如图 4-9 和图 4-10 所示。实验后的绿泥石晶体形态破碎,不像原岩中那样呈现规整的片状形态;而实验后的伊利石或伊/蒙间层矿物晶体表面则变得明显粗糙。

元素	质量百分比	原子百分比
C K	14.50	27.37
O K	35.26	49.94
Fe K	42.73	17.34
Mg K	1.50	1.40
Al K	1.36	1.14
Si K	0.75	0.61
Ca K	3.89	2.20

（a）方案1原始岩样　　　　（b）图4-8（a）方框处的能谱分析

局部放大

元素	质量百分比	原子百分比
C K	16.65	30.36
O K	34.54	47.27
Fe K	39.84	15.62
Mg K	1.87	1.68
Al K	2.61	2.12
Si K	2.17	1.69
Ca K	2.31	1.26

（c）方案1实验后　　　　（d）图4-8（c）方框处的能谱分析

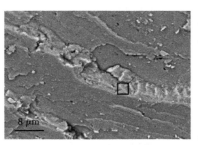

元素	质量百分比	原子百分比
C K	14.00	28.57
O K	30.03	46.02
Fe K	53.54	23.51
Mg K	0.88	0.89
Si K	0.22	0.19
Ca K	1.34	0.82

（e）方案2原始岩样　　　　（f）图4-8（e）方框处的能谱分析

图 4-8　实验前后岩样裂隙面菱铁矿晶体微观形貌的扫描电镜测试结果

注:图中方框区域元素构成的能谱分析是为了确认所探测区域即为对应矿物,下同。

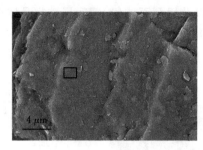

元素	重量百分比	原子百分比
C K	13.38	23.43
O K	44.79	58.90
Fe K	36.38	13.71
Mg K	1.34	1.16
Al K	1.08	0.85
Si K	1.62	1.21
Ca K	1.41	0.74

（g）方案2实验后　　　　　　（h）图4-8（g）方框处的能谱分析

图 4-8（续）

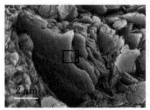

元素	质量百分比	原子百分比
C K	9.51	15.04
O K	50.25	59.64
Al K	15.25	10.73
Si K	17.75	12.00
K K	0.83	0.40
Fe K	6.40	2.18

元素	质量百分比	原子百分比
C K	7.89	12.67
O K	49.41	59.55
Al K	16.90	12.07
Si K	19.94	13.69
Fe K	5.86	2.02

元素	质量百分比	原子百分比
C K	9.12	14.83
O K	47.59	58.08
Mg K	0.32	0.72
Al K	14.55	10.53
Si K	18.05	12.55
Fe K	9.45	3.30

（a）原始岩样　　　　　（b）方案1实验后　　　　　（c）方案2实验后

图 4-9　裂隙面绿泥石矿物在实验前后的微观结构变化
注：图片下方表格为对应图片方框部分的能谱分析，下同。

同时还发现，在实验后的裂隙面原生矿物晶体的间隙间，还出现了新的衍生矿物或沉淀物的充填或覆盖现象。如图 4-11 所示，方案 1 实验后在裂隙面原生菱铁矿和石英矿物晶体表面及间隙间发现了新的衍生矿物的存在，根据 X 射线能谱分析探测其元素构成的分析结果，可推断其为衍生高岭石矿物（衍生高岭石矿物形态不如原生的规则）；同时，在原生高岭石矿物表面发现含铁物质的存在，因其形态并非像菱铁矿那样呈规则六面体状，故推断其为新生成物质，根据能谱分析结果，应为铁的氧化物（如铁锈）。而图 4-12 所示的方案 2 实验后的裂隙面

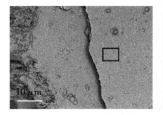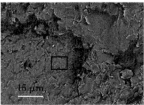

元素	质量百分比	原子百分比
C K	11.64	18.18
O K	45.09	52.88
Al K	18.29	12.72
Si K	22.48	15.02
K K	2.50	1.20

元素	质量百分比	原子百分比
C K	9.03	14.64
O K	42.77	52.06
Al K	19.49	14.07
Si K	25.29	17.53
K K	3.43	1.71

元素	质量百分比	原子百分比
C K	8.55	13.84
O K	46.29	56.27
Na K	0.85	1.33
Al K	14.57	10.50
Si K	21.87	15.15
K K	3.85	1.91

（a）原始岩样　　　　　　　（b）方案1实验后　　　　　　　（c）方案2实验后

图 4-10　裂隙面伊利石或伊/蒙间层矿物在实验前后的微观结构变化

也出现了类似的现象,在原生伊利石或伊/蒙间层矿物晶体表面及间隙间发现了充填的衍生高岭石矿物,在原生片状高岭石矿物晶体表面发现覆盖有含铁沉淀物。

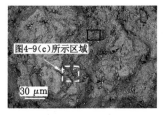

元素	质量百分比	原子百分比
C K	13.96	21.77
O K	41.52	48.61
Al K	18.72	13.00
Si K	24.04	16.03
Fe K	1.75	0.59

（a）菱铁矿晶体间覆盖的　　　（b）图4-11（a）处的能谱分析
　　高岭石矿物　　　　　　　　　（高岭石）

元素	质量百分比	原子百分比
C K	10.99	17.82
O K	38.88	48.34
Si K	47.69	33.08
Al K	2.44	0.76

元素	质量百分比	原子百分比
C K	9.81	15.37
O K	46.85	55.10
Al K	18.12	12.64
Si K	25.22	16.90

（c）石英矿物晶体间充填的　（d）图4-11（c）方框1处的能谱　（e）图4-11（c）方框2处的能谱
　　高岭石矿物　　　　　　　　　分析（原生石英晶体 SiO_2）　　　分析（衍生高岭石矿物）

图 4-11　方案 1 实验后裂隙面原生矿物晶体间隙充填的新的衍生物或沉淀物

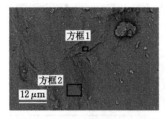

元素	质量百分比	原子百分比
C K	14.28	20.81
O K	53.90	58.99
Al K	14.47	9.39
Si K	17.35	10.82

元素	质量百分比	原子百分比
C K	9.01	16.21
O K	40.32	54.44
Fe K	29.70	14.45
Al K	9.74	7.80
Si K	10.14	7.11

(f) 原生片状高岭石矿物上覆盖的含铁沉淀物　　(g) 图4-11(f)方框1处的能谱分析(原生高岭石矿物)　　(h) 图4-11(f)方框2处的能谱分析(含铁沉淀物)

图 4-11(续)

元素	质量百分比	原子百分比
C K	8.56	13.24
O K	53.83	62.50
Al K	14.07	9.68
Si K	18.18	12.03
K K	3.71	2.15

元素	质量百分比	原子百分比
C K	8.15	13.28
O K	46.12	56.46
Al K	12.28	10.83
Si K	25.80	18.00
K K	3.47	0.74
Fe K	1.96	0.69

(a) 原生伊利石或伊/蒙间层矿物晶体间充填的衍生高岭石矿物　　(b) 图4-12(a)方框1处的能谱分析(原生伊利石或伊/蒙间层矿物晶体)　　(c) 图4-12(a)方框2处的能谱分析(衍生高岭石矿物)

元素	质量百分比	原子百分比
C K	10.14	16.14
O K	47.23	56.42
Al K	14.56	1099
Si K	19.93	15.57
K K	4.63	0.26
Fe K	1.81	0.62

元素	质量百分比	原子百分比
C K	13.81	27.11
O K	33.16	48.88
Fe K	47.01	19.85
Mg K	0.71	1.03
Al K	1.22	1.07
Si K	1.34	1.13
Mn K	2.17	0.93

(d) 原生片状高岭石矿物上覆盖的含铁沉淀物　　(e) 图4-12(d)方框1处的能谱分析(原生高岭石矿物)　　(f) 图4-12(d)方框2处的能谱分析(含铁沉淀物)

图 4-12　方案 2 实验后裂隙面原生矿物晶体间隙充填的新的衍生物或沉淀物

4.2.3.2　裂隙面矿物成分含量变化

为了进一步探究裂隙面矿物成分的变化,采用 X 射线衍射测试方法对两个方案对应实验前后裂隙面的矿物成分及其含量进行了测定,表 4-1 所示的测试结果验证了上述矿物微观结构变化的现象。可见,两方案对应裂隙面各类矿物成分含量的占比均发生了显著的变化。若以化学性质较为稳定的石英矿物(SiO_2)的含量为基数,则实验前以及实验后方案1、2对应裂隙面3类矿物(石英：菱铁矿：黏土矿物)的组分质量比分别为$1：1.79：0.66$、$1：0.41：0.55$、$1：1.7：0.63$。这表明方案1裂隙面的菱铁矿含量急剧减小,黏土矿物含量小幅度降低;而方案2裂隙面菱铁矿及黏土矿物的含量降幅相对较小。若单纯考量黏土矿物成分,两个方案裂隙面黏土矿物中各类组分的占比也发生了变化,具体表现为绿泥石的消失、伊/蒙间层或伊利石含量的降低,以及高岭石含量的增高;类似地,方案1对应这种变化程度较方案2更为显著。

由此可见,根据前述扫描电镜的微观测试结果,X射线衍射测试得到的菱铁矿、绿泥石及伊利石或伊/蒙间层等矿物含量的减少,主要是由于这些矿物受水-CO_2-岩相互作用而发生的溶解、溶蚀过程造成的,而高岭石矿物含量的增加以及裂隙面出现的铁锈质成分,主要是由于上述矿物溶解、溶蚀过程中发生了化学反应、生成了新的物质所造成的。

所以,根据上述测试结果可得裂隙岩石试件在实验过程中出现的水渗透率下降的自修复现象,与此过程中发生的上述矿物的溶解、溶蚀与新物质的生成密切相关。

4.2.4 实验前后水溶液化学成分变化

由表4-2所示的实验前后水溶液离子成分对比结果可见,受长期水-CO_2-岩相互作用的影响,水溶液中K^+、Ca^+、Mg^+、Na^+等阳离子以及HCO_3^-、CO_3^{2-}等阴离子的浓度均呈现一定程度的增加,相应地pH值也呈升高趋势(尤以方案1增幅明显)。根据前述裂隙面矿物成分变化的分析可知,岩石中各类矿物的溶解与溶蚀是引起水溶液中阴、阳离子浓度升高的原因;而菱铁矿($FeCO_3$)、绿泥石等富铁矿物的溶蚀会产生Fe^{2+}或Fe^{3+},从而易在弱酸性或碱性水溶液条件下化学反应生成$Fe(OH)_3$沉淀物[$Fe(OH)_3$进一步水解可转变为铁锈等氧化物][133],这也就进一步解释了为什么裂隙面会出现铁锈成分物质,同时其溶解溶蚀的CO_3^{2-}也说明了为什么实验后水溶液HCO_3^-浓度和pH值增高以致溶液呈碱性($CO_3^{2-}+H_2O \rightleftharpoons HCO_3^-+OH^-$,$HCO_3^-+H_2O \rightleftharpoons H_2CO_3+OH^-$)。

4.2.5 讨论

(1)无论是在酸性水溶液还是碱性水溶液条件下,砂质泥岩含裂隙岩石试件在长期水-CO_2-岩相互作用过程中均呈现出了水渗流能力逐步降低的自修复现象,这与已有文献中相关研究学者在现场实测中发现的采后地下水位回升、采动破坏岩体含水率下降等现象相符,揭示了采动导水裂隙自修复效应的客观存在性。

（2）实验过程中岩样绝对渗透率呈现出"先快后慢"的分区下降特征，这与水-CO_2-岩相互作用过程中黏土矿物遇水膨胀的物理作用，以及新的衍生矿物或沉淀物生成的化学作用密切相关。考虑到黏土矿物的遇水膨胀作用过程相比新物质化学生成的进程明显偏低，因而可推断前期水渗透率的快速下降现象主要是由伊/蒙间层等黏土矿物遇水膨胀引起的裂隙空间减少造成的；而随着实验时间的累积，岩石中一些矿物受溶解、溶蚀作用形成的离子与水溶液中的离子发生离子交换化学反应，从而生成高岭石衍生矿物或 $Fe(OH)_3$、Fe_2O_3 等含铁沉淀物；这些新的物质在裂隙面逐渐堆积充填，最终引起裂隙导水能力的降低。由于碱性条件下黏土矿物中铝氧八面体的 Al—O—H 键更易电离出 H^+ 并造成其表面负电荷增加，会使得晶层间斥力增大，促使黏土矿物更易水化膨胀或分散[134]，所以在方案 2 碱性水溶液条件下，前期绝对渗透率的下降速度要明显高于方案 1 酸性条件下。

（3）水溶液的酸碱度会直接影响裂隙岩体的自修复效果，这与不同酸碱度条件下岩石黏土矿物遇水膨胀量以及生成的衍生矿物或沉淀物的量都有紧密关系。对本书开展的砂质泥岩的水-CO_2-岩相互作用而言，酸性水溶液条件更有利于裂隙岩体的自修复，且自修复后期不易出现水渗流能力的"反弹"现象。

（4）方案 2 碱性水溶液条件下，实验后期出现的岩样绝对渗透率的"反弹"现象应该是裂隙面岩石矿物受溶解、溶蚀作用导致裂隙开度变大造成的。随着水溶液对裂隙面矿物的溶解、溶蚀，裂隙面粗糙度会逐渐降低[64]，这将不利于衍生矿物或沉淀物在裂隙通道中的附着或充填。在实验后期对岩样绝对渗透率测试时也发现，水溶液放出过程中在量杯中出现了胶状沉淀物（图 4-13），说明裂隙开度变大导致沉淀物不易在裂隙通道中附着，从而引起渗透率的增大。这一现象从另一方面也证实了裂隙内存在化学反应生成的沉淀物。同时，由于本实验中未能对岩石试件实现加载，使得开度增大的裂隙不能进一步贴合，从而造成渗透率的增大。这虽与采动岩体处于应力约束的实际条件不符，但并不会影响本实验对裂隙岩体自修复机理的验证分析。

（5）CO_2 通入量的增加会对酸性水条件下砂质泥岩裂隙岩体的自修复效果产生负面影响（对于其他岩性岩石是否有影响尚待研究），这可能与 CO_2 参与化学反应的过程及岩体自身矿物成分有关。CO_2 易与地层中的原生铝硅酸岩（如长石）发生这样的反应[135]：原生铝硅酸岩＋H_2O＋CO_2 $\Longleftrightarrow$ 黏土矿物＋石英＋碳酸盐＋OH^-。由于本实验所用砂质泥岩中仅有一些黏土矿物含有铝硅酸盐，铝硅酸盐含量较小，通入过剩的 CO_2 无法与之进行充分反应，而 CO_2 溶于水后

图 4-13 岩样绝对渗透率测试时流至量杯中的沉淀物

易以碳酸的形式对裂隙面矿物产生溶蚀作用,从而增大裂隙开度,提高水渗流能力,最终对裂隙岩石自修复进程产生阻滞作用。

4.3 神东典型岩性张拉裂隙岩样在水-CO_2-岩相互作用下的降渗特性实验

为了研究岩石岩性及其矿物成分对裂隙岩样在水-气-岩相互作用下的自修复进程的影响规律,选取神东矿区 3 种典型岩性岩石,开展了张拉裂隙(模拟岩层张拉破断裂隙)在中性地下水(模拟水溶液)条件下通入 CO_2 气体过程中的降渗特性实验,进一步揭示了水-气-岩相互作用对裂隙岩样的降渗特性及规律。

4.3.1 实验方案设计

4.3.1.1 岩样选取与试件制备

实验岩样采集自我国西部典型生态脆弱高产高效矿区的神东矿区,选取 3 类典型岩样岩性开展实验,分别为粗粒砂岩、细粒砂岩及砂质泥岩。通过 X 射线衍射测试得到 3 种典型岩性岩样的主要矿物成分主要为石英、钾长石、斜长石(钠长石、中长石、钙长石等)及黏土矿物等,而黏土矿物则以高岭石矿物为主,具体成分占比详见表 4-3。实验前首先将岩样加工成直径为 5 cm、高为 10 cm 的圆柱形标准试件,然后将试件放入 MTS 压力实验机中采用劈裂法进行人为加载破坏,从而形成含有张拉裂隙的岩石试件,如图 4-14 所示。

表 4-3 实验前后 3 种典型岩性岩石试件裂隙面各类矿物成分的变化 单位:%

岩石样品		石英	钾长石	斜长石	TCCM(黏土矿物)					
岩性	实验阶段				总含量	伊/蒙间层	伊利石	高岭石	绿泥石	I/S 间层比
粗粒砂岩	实验前	47	26	24	3	—	2	96	2	—
	实验后	50	23	24	3	—	2	97	1	50
细粒砂岩	实验前	54	14	24	8	6	12	73	9	10
	实验后	57	12	23	8	6	10	78	6	57
砂质泥岩	实验前	46	19	23	12	2	10	80	8	5
	实验后	48	19	24	9	2	7	86	5	48

注:表中所列数据为各类矿物占岩石总矿物成分的相对百分比,而非绝对量。I/S 间层比表示伊/蒙间层中伊利石的占比。

图 4-14 神东矿区 3 类典型岩性岩样的张拉裂隙岩石试件

4.3.1.2 水溶液配置

考虑到 4.2 节已开展裂隙岩样在酸性和碱性水溶液条件下的水-CO_2-岩相互作用实验,为了对比地下水酸碱性对水-CO_2-岩相互作用规律的影响,本次实验选取中性水溶液条件。采用 Na_2SO_4 试剂与去离子水配制形成表 4-4 所示的水溶液,以模拟 SO_4^{2-}—Na 型中性地下水,对应 pH 值为 6.24。

表 4-4　实验前后水溶液主要离子成分与 pH 值

实验阶段		离子含量/(mg/L)								
		Na^+	SO_4^{2-}	HCO_3^-	Cl^-	NH_4^+	K^+	Ca^{2+}	Mg^{2+}	pH
实验前	原始溶液	769.4	1 434.8	10.3	5.6	—	0.1	0.1	—	6.24
实验后	实验 1（粗粒砂岩）	1 007.4	2 543.7	443.55	37.2	16.7	13.1	329.3	40.2	7.42
	实验 2（细粒砂岩）	1 071.5	2 129.6	626.1	86.9	8.6	12.6	172.7	35.3	7.68
	实验 3（砂质泥岩）	858.4	1 367.7	817.8	34.6	2.5	11.8	119.7	232.6	7.33

4.3.1.3　实验过程

　　首先,按图 4-15 所示将裂隙岩样试件封装在水-CO_2-岩相互作用容器中。对裂隙岩样试件的圆柱侧面用硅胶涂抹均匀,以隔绝试件裂隙与外界的联系。在距离试件底面 1～2 cm 位置黏接隔离套环,套环内径为 5.5～6 cm(略大于试件圆柱直径),外径与反应容器内径相同;用硅胶将套环与圆柱试件之间的空隙封堵,并保证套环平面与圆柱上下表面平行。将带有套环的圆柱试件放至反应容器中,并用胶水将套环与容器壁面黏合牢固。最后采用树脂胶将试件与反应容器之间的空隙充填封堵,为避免树脂胶灌注过多而由试件上表面的裂隙流入,故将其密封面高度控制在试件上表面以下 1 cm 左右。

　　其次,将配置水溶液倒入反应容器中;如此,实验水溶液将仅能由试件上表面通过其内裂隙从下表面流出。将气管插入水溶液中持续供入 CO_2 气体,并用微流量气体传感器实时监测其通入流量;按照采空区 CO_2 气体的一般赋存浓度,并参照 4.2 节的实验过程,设定 CO_2 气体的通入流量为 4～6 mL/min。

　　实验过程中,参照 4.2 节的实验方法,间隔 1～2 周对裂隙岩石试件的绝对渗透率进行测试。测试时,同样采用自重渗流的方式,主要对水溶液温度、渗流流量、渗流压力梯度等参数进行测定。实验结束后(持续近 15 个月),从容器中取出岩石试件并放出水溶液,对裂隙面的岩石矿物成分和水溶液离子成分进行测试,并与实验前相关数据进行对比,以评价长期水-CO_2-岩相互作用对岩石矿物成分和水溶液离子成分的影响,揭示水、岩化学成分变化引起裂隙岩样水渗透性变化的机理和规律。

4.3.2　实验过程中裂隙岩石试件的水渗流变化特征

　　经过近 15 个月的水-CO_2-岩相互作用实验,测试得到了神东 3 种典型岩性

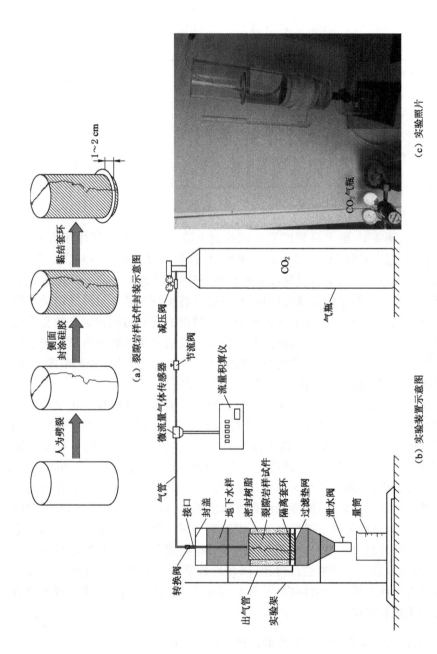

（a）裂隙岩样试件封装示意图

（b）实验装置示意图

（c）实验照片

图4-15　张拉裂隙岩石试件的水-CO₂-岩相互作用实验示意图及照片

的张拉裂隙岩样在中性水溶液条件下的水渗流特征变化规律。如图 4-16 所示的 3 种岩石试件随实验时间的绝对渗透率变化曲线,无论是哪种岩性的裂隙岩样,均呈现出明显的渗透率降低现象。其中,粗粒砂岩和细粒砂岩裂隙岩样累计实验 446 d,两者的降渗曲线走势呈现一定的相似性;根据测试结果,粗粒砂岩裂隙岩样绝对渗透率由初始的 32.71 D 逐步降低至最终的 12.55 D,降渗速率平均为 0.045 D/d;细粒砂岩裂隙岩样绝对渗透率由初始的 23.99 D 逐步降低至最终的 6.65 D,降渗速率平均为 0.039 D/d,略低于粗粒砂岩裂隙岩样。而相比之下,砂质泥岩裂隙岩样的降渗趋势则呈现明显的分区特征,这与前述 4.2 节砂质泥岩裂隙岩样(压剪裂隙)在酸性和碱性水溶液条件下的降渗特征具有很好的一致性。砂质泥岩裂隙岩样累计实验 401 d,其绝对渗透率由初始的 84.77 d 经过 80 d 的实验时间快速降低至 29.25 D,降渗速率达 0.694 D/d;而后又在 321 d 内缓慢降低至 9.6 D,对应降渗速率为 0.06 D/d。可见,无论是快速降渗阶段还是缓慢降渗阶段,砂质泥岩裂隙岩样的降渗速率均明显高于粗粒砂岩与细粒砂岩,这显然与岩样岩性及其矿物组分密切相关。

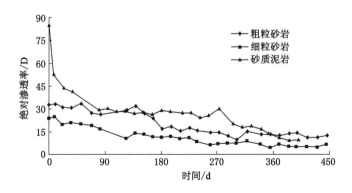

图 4-16 3 种岩性的裂隙岩石试件绝对渗透率变化曲线

除此之外,通过与 4.2 节的实验结果对比后发现,虽然本次实验对应的水-CO_2-岩相互作用的实验时间明显加长(近 2 倍),但 3 种岩性裂隙岩样在实验结束时的最终绝对渗透率值却高于 4.2 节的实验值(相差近 1 个数量级),且实验前后绝对渗透率之比反映的降渗幅度也明显偏小;这可能与两次实验对应原岩样的裂隙类型及其开度(或初始渗透率)有关,岩样裂隙越发育、开度越大,对应其初始渗透率越高,相应依靠水-CO_2-岩相互作用而发生自修复的难度越大,自修复效果越小。同时也发现,同样是砂质泥岩裂隙岩样,不管其裂隙类型或发育程度如何,在其实验过程中均呈现出了"初期快速降渗、后期缓慢降渗"的分区降渗分布特征,且相比而言碱性和中性水溶液条件下这种分区特征更为显著,如

图 4-6 与图 4-16 所示。结合 4.2.5 节的讨论结果可以推断,这种分区降渗特性的差异应该与砂质泥岩中易发生遇水膨胀矿物的成分及含量密切相关。具体将在后面详细讨论。

4.3.3 实验前后岩石试件裂隙面矿物组分变化

与前述 4.2 节类似,在实验结束后同样对岩样裂隙面的矿物成分及其微观结构进行了测试,测试方法同样为 X 射线衍射和扫描电镜测试。

4.3.3.1 裂隙面矿物晶体的微观结构变化

通过对 3 种岩性裂隙岩样在实验前后对应裂隙面各类矿物的微观结构形态进行扫描电镜测试后发现,在长期的水-CO_2-岩相互作用下,无论是哪一种岩性的裂隙岩样,其裂隙面矿物晶体的微观结构形貌均发生了明显的变化,表现出岩石原生矿物的溶解、溶蚀以及新的次生矿物生成等现象。(注:下面有关扫描电镜测试照片中相关矿物类型的判别方法与 4.2 节相同)

如图 4-17 所示的实验前后粗粒砂岩裂隙岩样裂隙面矿物微观结构形貌变化,岩石中占较大比例的长石矿物(钾长石与斜长石,详见表 4-3)受溶解、溶蚀的痕迹显著。实验前裂隙面原岩中的钾长石与钠长石(斜长石中的主要种类)晶体表面光滑、棱角分明,而实验后钾长石晶体表面出现明显的溶蚀孔洞,钠长石晶体表面粗糙而破碎。而对于岩石中占比较少的黏土矿物,基本未见其受溶解、溶蚀的现象。此外,在裂隙面原生矿物表面还发现了次生矿物生成的现象,如图 4-18 所示。在规则棱柱状的原生石英矿物晶体表面附着有不少破碎的片状矿物,通过能谱测试分析后发现,该破碎片状矿物主要由 C、O、Si、Al 这 4 种元素组成,可推断其应为高岭石矿物;而由于其微观结构形态并不像原岩中的原生高岭石矿物呈现规则的"书页"状,故判断它是由水-CO_2-岩相互作用而生成的次生矿物。

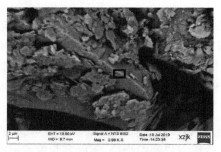

元素	质量百分比	原子百分比
C K	8.28	13.03
O K	50.92	60.15
Na K	0.45	0.37
Mg K	0.49	0.38
Al K	11.90	8.33
Si K	22.34	15.03
K K	5.62	2.72

(a) 原岩中的钾长石晶体(晶体表面光滑、棱角分明)　(b) 图4-17(a)方框处的能谱分析结果

图 4-17　粗粒砂岩裂隙岩样裂隙面的长石矿物在实验前后的微观结构形貌变化

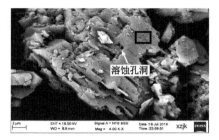

（c）实验后受溶蚀的钾长石晶体（有溶蚀孔洞）

元素	质量 百分比	原子 百分比
C K	14.08	21.03
O K	47.83	53.63
Al K	7.35	4.89
Si K	23.40	14.94
K K	6.87	5.36
Fe K	0.47	0.15

（d）图4-17(c)方框处的能谱分析结果

（e）原岩中的钠长石晶体（晶体表面光滑、棱角分明）

元素	质量 百分比	原子 百分比
C K	21.48	33.10
O K	28.21	32.64
Na K	5.84	4.71
Al K	9.35	6.41
Si K	35.12	23.14

（f）图4-17(e)方框处的能谱分析结果

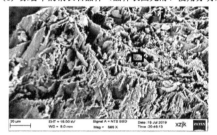

（g）实验后受溶蚀的钠长石晶体（晶体表面粗糙、破碎）

元素	质量 百分比	原子 百分比
C K	11.50	17.42
O K	49.83	56.66
Na K	6.05	4.79
Al K	7.99	5.39
Si K	23.56	15.26
Ca K	1.08	0.49

（h）图4-17(f)方框处的能谱分析结果

图 4-17(续)

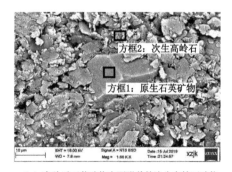

（a）实验后石英矿物表面附着的次生高岭石矿物

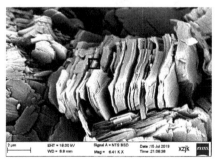

（b）原岩中的原生高岭石矿物

图 4-18　粗粒砂岩裂隙岩样裂隙面的原生矿物表面附着的次生矿物

元素	质量 百分比	原子 百分比
C K	19.53	31.65
O K	24.04	29.24
Si K	56.43	39.11

（c）图4-18（a）方框1处的能谱
分析结果

元素	质量 百分比	原子 百分比
C K	26.44	38.13
O K	34.91	37.79
Al K	10.04	6.45
Si K	28.60	17.64

（d）图4-18（a）方框2处的能谱
分析结果

元素	质量 百分比	原子 百分比
C K	16.17	24.70
O K	40.57	46.52
Al K	19.87	13.51
Si K	23.38	15.27

（e）图4-18（b）方框处的能谱
分析结果

图 4-18（续）

　　类似的现象在细粒砂岩和砂质泥岩裂隙岩样的实验中也有发生,但它们在溶解、溶蚀的矿物种类以及生成的次生矿物类型方面又有所差异。如图 4-19 所示,细粒砂岩裂隙岩样裂隙面原生钠长石矿物也受到明显溶解、溶蚀作用,且在其表面也出现了次生高岭石矿物的生成;但同时还发现了其他类型次生矿物或沉淀物生成的现象。如图 4-20 所示,在裂隙面原生矿物表面发现有堆簇状晶体出现,根据其能谱分析结果并结合晶体形态,可判断其应为 $CaSO_4$ 晶体（或石膏）;而由表 4-3 所示的岩石矿物组成可知,原岩中并未测得石膏矿物的存在,因此判断该晶体应是实验过程中次生而来的。在对该次生矿物晶体发育位置进行能谱分析时还发现［如图 4-20（c）所示］,此类堆簇状晶体中除了含有组成 $CaSO_4$ 晶体的元素外,还含有 Si、Al、K、Fe 等元素;根据各元素的原子占比分析可知,其中应夹杂有钾长石或斜长石（或两者都有）的成分,由此表现出次生 $CaSO_4$ 晶体与原生长石矿物共融或在其表面"生长"的现象。

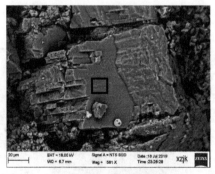

（a）原岩样中的钠长石晶体
（晶体表面光滑,棱角分明）

元素	质量 百分比	原子 百分比
C K	13.14	19.70
O K	48.29	54.34
Na K	7.31	5.73
Al K	7.48	4.99
Si K	23.78	15.25

（b）图4-19（a）方框处的能谱
分析结果

图 4-19　细粒砂岩裂隙岩样裂隙面的钠长石矿物在实验前后的微观结构形貌变化

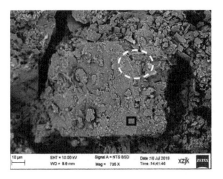

（c）实验后受溶蚀的钠长石晶体

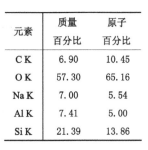

（d）图4-19（c）方框处的能谱
分析结果

元素	质量 百分比	原子 百分比
C K	6.90	10.45
O K	57.30	65.16
Na K	7.00	5.54
Al K	7.41	5.00
Si K	21.39	13.86

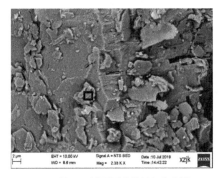

（e）图4-20（c）圆圈处的局部放大图
（长石表面附着的次生高岭石矿物）

（f）图4-19（e）方框处的能谱分析结果
（次生高岭石）

元素	质量 百分比	原子 百分比
C K	17.33	25.14
O K	49.49	53.89
Al K	15.39	9.94
Si K	17.79	11.03

图 4-19（续）

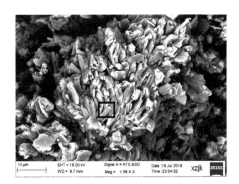

（a）裂隙面生成的簇状$CaSO_4$晶体

（b）图4-20（a）方框处的能谱分析结果

元素	质量 百分比	原子 百分比
C K	15.58	26.13
O K	38.24	48.14
S K	20.04	12.59
Ca K	26.14	13.14

图 4-20　细粒砂岩裂隙岩样裂隙面"生长"的 $CaSO_4$ 沉淀晶体

元素	质量百分比	原子百分比
C K	19.38	30.48
O K	40.51	47.82
Al K	1.54	1.08
Si K	4.17	2.80
S K	14.20	8.36
K K	1.43	0.69
Ca K	18.13	8.54
Fe K	0.64	0.22

（c）"生长"在长石晶体表面的CaSO₄晶体　　（d）图4-20（c）方框处的能谱分析结果

图 4-20（续）

　　而在砂质泥岩裂隙岩样的裂隙面，除了有与上述 2 种岩性的裂隙岩样实验过程中出现的长石矿物受溶解、溶蚀以及次生高岭石矿物的生成外（见图 4-21 和图 4-22），裂隙面黏土矿物受溶解、溶蚀作用也十分显著。如图 4-23 所示，实验前岩石中的伊利石和绿泥石原生黏土矿物晶体一般呈完整的片状形态，而实验后则普遍呈破碎状；黏土矿物参与水-CO₂-岩相互作用过程的痕迹十分显著。而对比 3 种岩性条件下的实验结果也可看出，粗粒砂岩和细粒砂岩裂隙岩样裂隙面黏土矿物受溶解、溶蚀作用程度（或其迹象）较砂质泥岩裂隙岩样明显偏低，这显然是与岩样中的矿物组成和含量密切相关的，具体将在后面详细讨论。

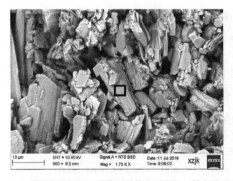

元素	质量百分比	原子百分比
C K	12.20	18.90
O K	47.07	54.76
Al K	7.63	5.26
Si K	24.18	16.02
K K	8.49	4.92
Fe K	0.42	0.14

（a）原岩中的钾长石晶体（晶体表面光滑，棱角分明）　　（b）图4-21（a）方框处的能谱分析结果

图 4-21　砂质泥岩裂隙岩样裂隙面的钾长石矿物在实验前后的微观结构形貌变化

注：图 c、d 中照片下方的表格为对应照片中方框处的能谱分析结果

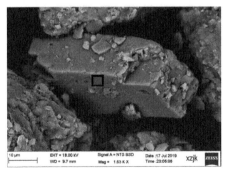

元素	质量百分比	原子百分比
C K	18. 25	29. 35
O K	33. 83	40. 84
Al K	7. 34	5. 25
Si K	25. 75	17. 71
K K	11. 58	5. 72
Fe K	3. 24	1. 12

（c）受溶蚀的钾长石晶体
（晶体表面粗糙，有溶蚀孔洞）

元素	质量百分比	原子百分比
C K	10. 60	16. 97
O K	45. 62	54. 81
Na K	0. 84	0. 70
Al K	7. 44	5. 30
Si K	25. 34	17. 34
K K	9. 33	4. 58
Fe K	0. 82	0. 28

（d）受溶蚀的钾长石晶体
（晶体破碎，表面粗糙）

图 4-21（续）

（a）扫描电镜照片

图 4-22　砂质泥岩裂隙岩样裂隙面的原生钾长石矿物表面生成的次生高岭石矿物

元素	质量百分比	原子百分比
C K	18.25	29.35
O K	33.83	40.84
Al K	7.34	5.25
Si K	25.75	17.71
K K	11.58	5.72
Fe K	3.24	1.12

（b）方框1处的能谱分析结果

元素	质量百分比	原子百分比
C K	15.88	23.10
O K	52.08	56.89
Al K	14.21	9.20
Si K	16.77	10.44
K K	0.33	0.15
Fe K	0.74	0.23

（c）方框2处的能谱分析结果

图 4-22（续）

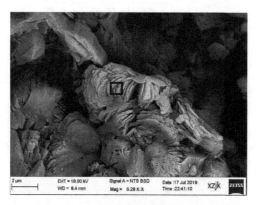

（a）原岩中的绿泥石晶体

元素	质量百分比	原子百分比
C K	14.14	23.24
O K	42.57	52.52
Mg K	1.73	1.40
Al K	9.70	7.10
Si K	12.52	8.80
K K	0.74	0.37
Fe K	18.59	6.57

（b）图4-23（a）方框处的能谱分析结果

（c）受溶蚀的绿泥石晶体（晶体破碎）

元素	质量百分比	原子百分比
C K	17.04	27.47
O K	37.11	44.90
Mg K	2.37	1.89
Al K	11.37	8.15
Si K	17.70	12.20
K K	2.72	1.35
Fe K	11.70	4.06

（d）图4-23（c）方框处的能谱分析结果

图 4-23 砂质泥岩裂隙岩样裂隙面的黏土矿物在实验前后的微观结构形貌变化

元素	质量 百分比	原子 百分比
C K	15.03	22.83
O K	46.96	53.55
Na K	0.44	0.35
Al K	13.46	9.10
Si K	17.25	11.20
K K	5.15	2.41
Fe K	1.71	0.56

（e）原岩中的伊利石　　　　（f）图4-23(e)方框处的能谱分析结果

元素	质量 百分比	原子 百分比
C K	19.51	28.93
O K	44.28	49.29
Mg K	0.70	0.52
Al K	9.48	6.26
Si K	19.94	12.64
K K	3.07	1.40
Fe K	3.02	0.96

（g）受溶蚀的伊利石晶体（晶体破碎）　　（h）图4-23(g)方框处的能谱分析结果

图 4-23（续）

4.3.3.2　裂隙面矿物成分含量变化

另一方面,采用 X 射线衍射测试方法对 3 种岩性实验条件下裂隙面的矿物成分及其含量变化进行了测定,表 4-3 所示的测试结果验证了上述矿物微观结构变化的现象。参照 4.2 节所述的方法,以化学性质较为稳定的石英矿物含量为基数,则可对 3 种岩性裂隙岩样在实验前后对应裂隙面各类矿物的含量之比(石英∶钾长石∶斜长石∶黏土矿物)进行计算,结果详见表 4-5。由表 4-5 可见:3 种岩性裂隙岩样对应裂隙面长石(含钾长石与斜长石)与黏土矿物的含量均出现了降低现象;其中粗粒砂岩与细粒砂岩裂隙岩样裂隙面长石矿物消耗较多,但黏土矿物含量降幅较小,而砂质泥岩裂隙岩样实验后的对应现象则与之相反,这与上述扫描电镜测试的结果相同。同时还发现,无论哪种岩性的裂隙岩样,裂隙面长石矿物中的钾长石在实验过程中的消耗均比斜长石明显偏多,详见表 4-5。

表 4-5　实验前后 3 种岩性裂隙岩样裂隙面矿物成分含量比例

实验岩样	实验前		实验后	
	石英∶钾长石∶斜长石∶黏土矿物	钾长石∶斜长石	石英∶钾长石∶斜长石∶黏土矿物	钾长石∶斜长石
粗粒砂岩	1∶0.55∶0.51∶0.06	1∶0.92	1∶0.46∶0.48∶0.06	1∶1.04
细粒砂岩	1∶0.26∶0.44∶0.15	1∶1.71	1∶0.21∶0.40∶0.14	1∶1.92
砂质泥岩	1∶0.41∶0.50∶0.26	1∶1.21	1∶0.39∶0.50∶0.19	1∶1.26

结合前述扫描电镜的微观测试结果,X 射线衍射测试得到的裂隙面各类矿物含量的变化,主要是由水-CO_2-岩相互作用及其发生的溶解、溶蚀过程造成的,而裂隙岩样在实验过程中出现的水渗透率下降的自修复现象,也应与相关反应过程密切相关;不同岩性裂隙岩样实验后测试数据的差异显然是由它们之间不同的矿物组分造成的。

4.3.4　实验前后水溶液化学成分变化

由表 4-4 所示的 3 种岩性岩样分别在实验前后水溶液离子成分对比结果可见:水溶液中的 Na^+、K^+、Ca^{2+}、Mg^{2+} 等主要金属阳离子浓度均呈现明显增高现象,其中尤以 Na^+ 和 Ca^{2+} 的增高幅度较高;而阴离子中则是 SO_4^{2-}、HCO_3^-、Cl^- 浓度增幅较高;相应水溶液的 pH 值也呈小幅度升高趋势(仍处于中性状态)。同时还发现,3 种实验对应各类阴阳离子的增幅也有明显不同。其中,实验 1(粗粒砂岩)和实验 2(细粒砂岩)水溶液中 Na^+ 和 SO_4^{2-} 的浓度增幅明显高于实验 3(砂质泥岩),但前者水溶液中 Mg^{2+} 的浓度增幅却明显低于后者;实验 1 对应 HCO_3^- 的浓度增幅明显低于实验 2 和实验 3,但 Ca^{2+} 浓度增幅却高于后两者;实验 2 对应 Cl^- 的浓度增幅在 3 种实验中最高。显然,这些离子浓度的增幅差异是由各类岩性岩样的矿物组分不同引起的。

对照表 4-3 所示 3 种岩性岩样所含的矿物成分，可知水溶液中 Na^+、K^+、Ca^{2+}、Mg^{2+} 等金属阳离子浓度的增高主要由长石和黏土矿物的溶解、溶蚀引起，增多的 Na^+、Ca^{2+} 主要来自斜长石中的钠长石、钙长石以及黏土矿物中的伊/蒙间层，K^+ 主要来自钾长石、伊/蒙间层以及伊利石，而 Mg^{2+} 主要来伊/蒙间层、伊利石以及绿泥石。由于实验 3 砂质泥岩中对应黏土矿物的伊/蒙间层、伊利石、绿泥石含量明显高于实验 1 和实验 2 的砂岩岩样，因而其水溶液中 Mg^{2+} 的浓度增幅最高。而 3 种实验中 Na^+、Ca^{2+} 浓度增幅的差异可能与各自岩样对应斜长石中的钠长石和钙长石的具体含量不同有关，钠长石和钙长石在实验 1 和实验 2 砂岩岩样中含量偏高，造成其水溶液中对应 Na^+ 和 Ca^{2+} 的浓度增幅偏高（由于具体含量未测，仅属推测）。对于实验后 SO_4^{2-}、Cl^- 浓度的升高推断可能是岩石中的一些有机物成分发酵或分解所致（仅实验 3 水溶液中 SO_4^{2-} 浓度未见明显改变，其原因尚待研究）。

4.3.5　讨论

（1）与 4.2 节砂质泥岩裂隙岩样的水-CO_2-岩相互作用降渗特性实验相比，本实验将裂隙岩样的岩性拓展至粗粒砂岩和细粒砂岩，将水溶液的化学性质由酸性或碱性改变为中性，实验过程中依然出现了裂隙岩样水渗流能力降低的现象，进一步证实裂隙岩体自修复效应的客观事实。

（2）本实验 3 种岩性裂隙岩样在水-CO_2-岩相互作用过程中出现的降渗自修复现象除了与黏土矿物的遇水膨胀作用有关外，还与长石等原生铝硅酸盐矿物溶解、溶蚀过程中产生的次生矿物或结晶沉淀物对裂隙空间的充填封堵作用有关。在通入 CO_2 条件下，长石等原生铝硅酸盐矿物更易发生溶解、溶蚀作用[80,135]，并通过式(4-1)~式(4-4)发生次生矿物衍生的化学过程；而由于本实验采用 Na_2SO_4 模拟中性地下水，其中的 SO_4^{2-} 又易与钙长石溶解、溶蚀形成的 Ca^{2+} 发生式(4-4)所示的化学沉淀反应。如此，水-CO_2-岩相互作用化学生成的次生高岭石矿物、次生石英矿物及 $CaSO_4$ 结晶沉淀物不断吸附沉积在岩样裂隙面，封堵裂隙空间、降低裂隙过流能力，最终表现出裂隙岩样水渗流能力下降的自修复效应。这也解释了 4.3.3 节扫描电镜测试中发现的裂隙面岩石矿物表面附着次生矿物的现象。

$$原生铝硅酸岩 + H_2O + [CO_2] \Longleftrightarrow 黏土矿物 + [胶体] + [碳酸盐] + H^+（或 OH^-）\tag{4-1}$$

$$2K[AlSi_3O_8] + 2H^+ + H_2O \Longleftrightarrow Al_2[Si_2O_5][OH]_4 + 4SiO_2 + 2K^+ \tag{4-2}$$
$$\quad 钾长石 \qquad\qquad\qquad\qquad 高岭石$$

$$2Na[AlSi_3O_8]+2H^++H_2O \Longrightarrow Al_2[Si_2O_5][OH]_4+4SiO_2+2Na^+ \qquad (4\text{-}3)$$

    钠长石   高岭石

$$Ca[Al_2Si_2O_8]+2H^++H_2O \Longrightarrow Al_2[Si_2O_5][OH]_4+Ca^{2+} \qquad (4\text{-}4)$$

    钙长石   高岭石

$$Ca^{2+}+SO_4^{2-} \Longrightarrow CaSO_4 \downarrow \qquad (4\text{-}5)$$

（3）与 4.2 节的压剪裂隙岩样相比，本实验张拉裂隙岩样的初始渗透率更高；且虽经过比前者更长时间的水-CO_2-岩相互作用过程，但其最终的降渗幅度仍明显偏小。这显然与岩样裂隙的发育形态及实验水溶液的酸碱性密切相关。由于压剪裂隙的发育开度或过流能力相比张拉裂隙明显偏小（参见第 3 章），因而其需要修复的裂隙空间更小，需要黏土矿物的遇水膨胀量及次生矿物或沉淀物的生成量也明显偏小。因此，4.2 节压剪裂隙岩样可在相对偏短的时间内取得较好的修复效果。由此可以推断，随着本实验水-CO_2-岩相互作用时间的增加，张拉裂隙岩样的水渗透率还会呈继续下降趋势；但受水溶液相关离子成分及裂隙面矿物不断消耗减少的影响，降渗速度将更慢。

（4）本实验砂质泥岩裂隙岩样水-CO_2-岩相互作用过程中同样出现了与 4.2 节类似的"先快后慢"分区降渗现象，但其快速降渗阶段经历的时间更长、降渗幅度偏小。4.2 节的砂质泥岩裂隙岩样的初期快速降渗时间为碱性水条件下 47 d，酸性水条件下 120 d，降渗幅度为碱性水条件下 4.32 D 降至 0.185 D（降低 23 倍）、酸性水条件下 10.6 D 降至 0.871 D（降低 12 倍）；而本实验中性水条件下初期快速降渗时间为 80 d，降渗幅度为 84.77 D 降至 29.25 D（降低 3 倍）。上述差异主要与本实验砂质泥岩中黏土矿物成分组成及含量有关；本实验砂质泥岩中黏土矿物总含量相对偏低，且其中主要起遇水膨胀作用的伊/蒙间层矿物含量明显偏小（黏土矿物中主要为高岭石，其遇水膨胀作用明显低于蒙脱石）。

（5）粗粒砂岩与细粒砂岩裂隙岩样均未出现初期快速降渗的现象，仅在中期阶段出现局部快速降渗，这显然是由砂岩类岩样黏土矿物中伊/蒙间层等遇水膨胀作用明显的矿物含量少造成的，其仅能依靠长石等原生铝硅酸盐矿物通过溶解、溶蚀作用产生次生矿物或结晶沉淀物对裂隙空间形成封堵，造成所需的修复时间偏长、修复效率偏低。

（6）从前面裂隙面矿物成分变化的测试结果看，3 种岩性岩样裂隙面的钾长石矿物消耗量均明显高于斜长石；但从水溶液离子成分的变化结果看（表 4-4），K^+ 浓度的增幅却是最低的，这可能与析出的 K^+ 又继续参与式（4-5）所示的反应有关。钾长石通过式（4-2）溶解、溶蚀形成的 K^+ 可进一步与中长石（属于斜长石的一种）和 H^+（通入的 CO_2 产生）发生化学反应并生成绢云母[135]，由此析出的

K^+又重新被固定于新的次生矿物中,并替换出Na^+和Ca^{2+}。由此最终造成K^+浓度增幅明显低于Na^+、Ca^{2+}。

$$Na[AlSi_3O_8]\text{-}Ca[Al_2Si_2O_8]+2H^++K^+ \Longleftrightarrow KAl_2[AlSi_3O_{10}][OH]_2+2SiO_2+Na^++Ca^{2+}$$

中长石 绢云母 (4-6)

（7）通过对比 4.2 节砂质泥岩裂隙岩样裂隙面附着的次生矿物或沉淀物发现,本实验 3 种岩性岩样裂隙面均未发现有铁质沉淀物的出现,这与本实验岩样中含铁矿物成分(绿泥石、伊/蒙间层等)偏少有关。可见,虽然不同岩性裂隙岩样在不同水化学条件下均能发生水-CO_2-岩相互作用下的自修复现象,但引起自修复的衍生物质(次生矿物或结晶沉淀物)类型却有所不同;由于相关物质在裂隙面沉积封堵过程的差异,导致不同条件下裂隙岩体自修复效果出现偏差。因此,开展不同水、气、岩物理化学条件下的裂隙岩体自修复特性研究,对于科学评价裂隙岩体的自修复能力显得尤为重要。

4.4 酸性水对含铁破碎岩样的降渗特性实验

4.4.1 实验方案设计

4.4.1.1 岩样选取

实验岩样选择由某煤矿现场采集的砂质泥岩,通过 X 射线衍射测试得到该砂质泥岩主要由石英、钾长石、斜长石及黏土矿物等组成,具体成分占比详见表 4-6。取少量岩样加入稀盐酸浸泡一段时间后发现,溶液呈现如图 4-24 所示的浅绿色,根据表 4-6 判断此现象是由岩样中铁质矿物受酸液溶解形成的Fe^{2+}引起的(如绿泥石、伊利石或伊/蒙间层等)。为了进一步确定岩石中的铁质成分占比,进行了岩样常量元素的测定,结果详见表 4-7。可见岩石中的铁质成分占比偏高,仅次于硅、铝等常规岩石元素。

表 4-6 实验前后砂质泥岩各类矿物成分的变化 单位:%

岩石样品	石英	钾长石	斜长石	云母	黏土矿物	各类黏土矿物成分占比				
						伊/蒙间层	伊利石	高岭石	绿泥石	I/S 间层比
实验前岩样	50	13	8	—	29	66	21	5	8	25
实验后岩样	57	9	—	2	32	50	10	37	3	15

注:表中所列数据为各类矿物占岩石总矿物成分的相对百分比,而非绝对量。I/S 间层比表示伊蒙间层中伊利石的占比。

图 4-24   岩石浸泡稀盐酸后的 Fe^{2+} 溶液呈浅绿色

表 4-7   实验前后砂质泥岩中的常量元素测试结果(质量百分比)   单位:%

实验阶段	常量元素									
	Si	Al	Fe	K	Mg	S	Na	Ca	Mn	Ti
实验前	30.48	8.71	3.49	3.12	0.89	0.22	0.36	0.27	0.03	0.01
实验后	30.27	8.57	3.32	2.78	0.42	0.16	0.18	0.13	0.02	0.02

表 4-8   实验前后水溶液主要离子成分与 pH 值

实验阶段	离子含量/(mg/L)									pH 值
	Na^+	SO_4^{2-}	HCO_3^-	CO_3^{2-}	NH_4^+	Fe^{3+}、Fe^{2+}	K^+	Ca^{2+}	Mg^{2+}	
实验前	769.39	1 434.84	0	0	0	0	0	0	0	4.37
实验后	1 244.07	1 703.64	0	0	1.98	0	134.88	399.44	544.09	6.78

4.4.1.2   水样配制

为了促进岩样中铁质等各类矿物成分的溶解,选取酸性水溶液开展实验。模拟取样矿井地下水的化学类型,利用 Na_2SO_4 试剂与去离子水配制形成表 4-8 所示的水溶液,并滴入少量稀盐酸,使其呈现 pH 值为 4~6 的弱酸性状态。

4.4.1.3   实验过程

实验时首先将岩样进行人为破碎,并将其装入图 4-25 所示的实验容器中;容器内径为 7 cm,破碎岩样在容器中堆积的"岩柱"高度为 11.5 cm。其次将配制的水溶液倒入容器中,使其在自重条件下沿破碎岩块渗流(考虑到破碎岩块的渗透性相对偏高,故未专门施加水压)。通过在容器的出水口处设置循环泵,使水溶液在岩样中始终处于流动状态。

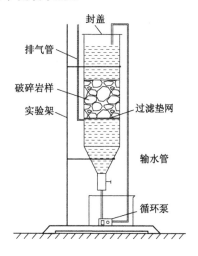

图 4-25　实验装置示意图

实验过程中间隔一段时间进行岩样绝对渗透率的测试(实验初期和末期间隔 5～7 d,实验中期间隔 2～5 d);渗透率测试时暂时关停循环泵,首先测试水溶液温度并确定其黏度,其次根据水溶液渗流时其液面降低一定高度对应的压力梯度、流量和速度,计算破碎岩样的绝对渗透率。待岩样渗透率基本维持不变时结束实验,取出破碎岩样和水样,再次对岩石的矿物成分与水溶液的离子成分进行测试,并将其与实验前的初始状态进行对比,从而为评价水、岩成分改变与岩样渗透性变化之间的关系奠定基础。

4.4.2　实验过程中破碎岩样水渗透性变化特征

经过近 23 周的实验与测试,得到了如图 4-26 所示的破碎岩样绝对渗透率变化曲线。从图 4-26 中可以看出,实验过程中岩样绝对渗透率持续下降,且下降速度呈现分阶段变化的分布规律。在实验初始的 1 d 内,其绝对渗透率即由原来的 20.6 D 急剧下降为 12.6 D;而后,在经过 46 d 的波动式小幅度下降变化后,又以 0.31 D/d 的平均递减速度快速下降至 3.4 D;最终在后期的 84 d 内缓慢降低至 1.1 D。破碎岩样实验前后的渗透率相差近 18 倍,说明酸性水溶液对该砂质泥岩破碎岩样的降渗作用十分显著。

4.4.3　铁质沉淀物对破碎岩样的降渗过程

为了考量水溶液对岩样中铁质矿物的溶解、溶蚀过程及作用程度,实验过程

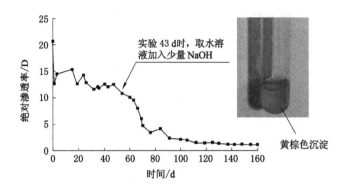

图 4-26　破碎岩样绝对渗透率变化曲线

中间隔 1～2 周取少量水溶液滴入 NaOH 溶液，通过观察是否出现 $Fe(OH)_3$ 沉淀物来评价铁离子的析出程度。结果显示，在实验进行至 43 d 时，取出的少量水溶液即与 NaOH 反应产生了黄棕色沉淀（见图 4-26），说明此时水溶液中已析出一定的 Fe^{2+}（由于实验用的水溶液量有限，未能对 Fe^{2+} 的具体含量进行测定）。此后，随着实验的不断进行，实验容器内壁及破碎岩块表面陆续发现铁锈状沉淀物的沉积现象。由此可见，在图 4-26 中对应实验时间 47～76 d 内出现的绝对渗透率快速下降现象与铁质沉淀物对破碎岩样空隙的充填、封堵作用密切相关。

　　实验结束后，对破碎岩样在实验容器中不同层位的断面形态进行了观测，如图 4-27 所示。由图 4-27 可见，无论是实验容器中哪个层位处的破碎岩块，还是容器或输水管内壁，其表面都明显吸附有较多的铁质沉淀物；且破碎岩样的"岩柱"上表面沉积的沉淀物最多，越深入岩样内部沉淀物相对越少。而从微观尺度上来看，铁质沉淀物对岩石微观孔隙也形成了明显的封堵作用。图 4-28 所示为对实验后岩样进行扫描电镜测试的结果，图 4-28(a)方框 1 处的能谱测试表明对应区域主要元素成分为铁和氧，推断应为铁锈成分（铁质氧化物）；而根据方框 2 处对应的片状矿物形貌和元素构成，可推断其应为绿泥石等黏土矿物（因水溶液的溶解、溶蚀作用呈现一定的破碎状态）；照片中铁锈质成分在矿物晶体周边覆盖均匀，表明其对岩石孔隙的沉积充填作用明显。

4.4.4　实验前后水、岩样的化学成分变化

4.4.4.1　水溶液化学成分变化

　　由表 4-8 所示的实验前后水溶液离子成分对比结果可见，水溶液中的金属阳离子除 Fe^{2+}、Fe^{3+} 外均呈现明显增大现象，其中尤以 Na^+ 和 Mg^{2+} 的增大幅度

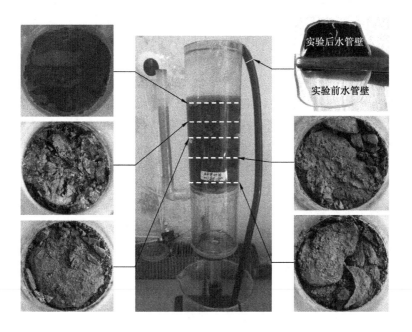

图 4-27 实验模型不同断面岩块上沉积的铁质沉淀物照片

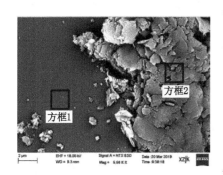

元素	质量百分比	原子百分比
C K	5.05	12.70
O K	20.66	39.06
Al K	3.56	3.99
Si K	7.04	7.58
K K	8.88	6.87
Ti K	1.21	0.77
Fe K	53.60	29.03

元素	质量百分比	原子百分比
C K	13.66	21.78
O K	44.82	53.67
Mg K	0.49	0.39
Al K	11.66	8.28
Si K	16.25	11.08
Cl K	0.26	0.14
K K	1.71	0.84
Fe K	11.14	3.82

（a）扫描电镜照片　　　（b）方框1处的能谱分析　　　（c）方框2处的能谱分析
（铁质氧化物）　　　　　　（绿泥石）

图 4-28 铁质沉淀物沉积在岩石微观孔隙中的扫描电镜测试结果

较高;而阴离子中仅 SO_4^{2-} 浓度出现了增大现象;相应地 pH 值也呈升高趋势。对照岩石所含的矿物成分,可知水溶液中 Na^+、Mg^{2+}、Ca^{2+}、K^+ 等金属阳离子浓度的增大主要由长石和黏土矿物的溶解、溶蚀作用引起,增多的 Na^+、Ca^{2+} 主要来自斜长石和伊/蒙间层,Mg^{2+} 主要来自伊/蒙间层、伊利石及绿泥石,而 K^+ 主要来自钾长石、伊/蒙间层及伊利石。对于实验后 SO_4^{2-} 浓度的增大推断可能是岩石中的一些有机物成分发酵或分解所致(实验后可闻到浸泡岩样有类似污泥的臭味产生)。而对于 Fe^{2+}、Fe^{3+},虽然实验过程中已观测到它的析出,但受其氧化发生化学沉淀的影响,最终都以 $Fe(OH)_3$ 或 Fe_2O_3 形式吸附沉积在破碎岩样中(见图 4-27 和图 4-28),导致实验后测得的水溶液 Fe^{2+}、Fe^{3+} 含量为 0。

此外,将表 4-7 与表 4-8 对比后还发现,虽然原岩中 K 元素占比明显高于 Na、Ca、Mg 等元素,但实验后水溶液中的 K^+ 含量反而却低于 Na^+、Ca^{2+}、Mg^{2+}。这显然与水-岩相互作用过程密切相关。受溶解、溶蚀等作用影响,一些元素仅以离子形式稳定存在于水溶液中,而一些元素在形成离子后可能又会与其他离子转化形成其他物质,从而表现出其在水溶液中离子含量的降低。具体将在 4.4.5 节详细讨论。

4.4.4.2 岩石矿物成分及其微观形态变化

为了进一步探究水溶液对岩石矿物成分的影响规律,分别采用 X 射线衍射测试、常量元素测试以及扫描电镜测试等方法对实验后的岩石成分进行了测试。

从表 4-6 可以看出,实验后岩石中的矿物成分发生了明显改变;其中,石英与黏土矿物占比明显增高,而钾长石、斜长石占比却明显降低(斜长石直接消失),同时出现了云母矿物的次生现象。而单纯由黏土矿物中各类不同矿物的组分变化也可看出,高岭石矿物增加明显,而绿泥石、伊利石等其他矿物则明显降低。由此说明,水溶液在对部分岩石矿物溶解、溶蚀并导致其含量减少的同时,还会引起其他一些矿物的次生现象。与此类似,表 4-7 所示的实验后的岩石常量元素占比情况也发生了明显变化,其中尤以 Ca、Na、Mg、K 等金属元素的占比降低明显(K 元素占比降幅相对偏小),说明岩石受水溶液溶解、溶蚀作用显著。这与实验后水溶液中相关金属阳离子含量的增高现象相符(表 4-8)。而对于 Fe 元素,如前所述,虽然实验过程中溶解析出了 Fe^{2+},但由于它最终以铁质沉淀物的方式沉积在岩样中,因而其元素在岩石中的占比未发生明显改变。

利用扫描电镜方法测试得到的实验后岩石矿物的微观形貌也从侧面证实了上述变化过程。如图 4-29 所示,实验后矿物晶体的微观形貌呈现明显破碎状态,且溶蚀孔洞普遍存在,说明水溶液对岩石矿物的溶解、溶蚀作用显著。同时,在原生矿物表面或间隙中还普遍发现有其他衍生物质的生成,这些物质不仅包括图 4-27 和图 4-28 所示的铁质化学沉淀物,还有图 4-30 所示的高岭石等次生矿物。如图 4-30(a)所示,根据扫描电镜测得的矿物形貌可以推断,方框 1 处的片状矿物应为岩石中的原生矿物,结合能谱分析可推断其应为黏土矿物;而对于在其表面可见的明显沉积物,根据其主要含硅、铝的能谱分析结果可推断其应为高岭石次生矿物。显然,上述这种沉淀物或次生矿物的衍生现象与水、岩之间发生的离子交换化学作用密切相关。

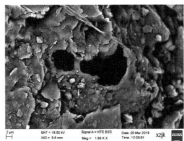

图 4-29　原生黏土矿物受水溶液溶解、溶蚀后的微观形貌照片

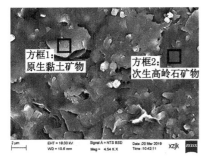

元素	质量百分比	原子百分比
C K	15.61	24.07
O K	43.34	50.18
Mg K	0.55	0.42
Al K	12.90	8.86
Si K	20.80	13.72
K K	6.55	2.68
Fe K	0.26	0.08

元素	质量百分比	原子百分比
C K	15.26	25.39
O K	28.59	35.71
Na K	0.39	0.34
Al K	8.68	6.43
Si K	41.72	29.68
K K	3.33	1.70
Ti K	0.43	0.18
Fe K	1.61	0.58

（a）扫描电镜照片　　（b）方框1处的能谱分析　　（c）方框2处的能谱分析

图 4-30　原生片状黏土矿物表面沉积的次生高岭石矿物

4.4.5　讨论

（1）破碎岩样与酸性水溶液相互作用过程中出现的水渗流能力逐步下降现象与黏土矿物遇水膨胀的物理作用以及水、岩离子交换产生铁质沉淀物等衍生物质的化学作用密切相关。由于黏土矿物遇水膨胀的作用过程相比矿物的溶解、溶蚀及其离子的析出过程更为迅速,因而可推断图 4-26 所示实验初期出现的绝对渗透率急剧下降现象是由伊/蒙间层等黏土矿物(尤其是其中的蒙脱石)遇水膨胀引起的破碎岩块孔隙空间减少造成的。

（2）受酸性水溶液对岩石中各类矿物成分的溶解、溶蚀作用,矿物离子相继析出,并发生其与水溶液的离子交换化学反应。如 4.3 节所述,钾长石、斜长石(钠长石、钙长石、中长石等)等原生铝硅酸盐矿物会与 H^+ 发生如式(4-1)～式(4-4)及式(4-6)所示的化学反应[80,134]，在析出 K^+、Na^+、Ca^{2+} 等离子的同时，还会出现高岭石、绢云母、石英等次生矿物的生成。与此类似，绿泥石、伊利石、伊/蒙间层等矿物会逐步析出 Fe^{2+}、Mg^{2+}。由于水溶液的初始 pH 值相对偏低，而 Fe^{2+} 在酸性条件下受氧化生成 $Fe(OH)_3$ 沉淀的进程较为缓慢[133,136]，因而在实验初期难以形成可观的铁质沉淀物。由此可推断实验第 2～46 d 内出现的岩样渗透率小幅度下降现象主要由次生矿物的充填封堵作用引起，对应 Fe^{2+} 处于缓慢析出阶段。

(3) 随着原生铝硅酸盐对水溶液中 H^+ 的不断消耗，水溶液 pH 值逐步升高(表 4-8 所示实验后水溶液 pH 值明显升高)，Fe^{2+} 氧化生成 $Fe(OH)_3$ 沉淀物的速度也逐渐加快。生成的 $Fe(OH)_3$ 沉积覆盖在破碎岩块表面，一方面会对 Fe^{2+} 的氧化过程产生催化作用以促进新的 $Fe(OH)_3$ 的生成[133,136]，另一方面处于沉积物内部的旧的 $Fe(OH)_3$ 又会逐步发生脱水老化，最终生成铁锈等物质。其间的主要化学反应过程如下：

$$4Fe^{2+} + O_2 + 2H_2O \Longrightarrow 4Fe^{3+} + 4OH^- \tag{4-7}$$

$$Fe^{3+} + 3H_2O \Longrightarrow 4Fe(OH)_3 + 3H^+ \tag{4-8}$$

$$2Fe(OH)_3 \Longrightarrow Fe_2O_3 + 3H_2O \tag{4-9}$$

与此同时，长石类原生铝硅酸盐矿物会按照式(4-1)～式(4-4)以及式(4-6)继续消耗上述沉淀反应过程中生成的 H^+，这不仅能避免水溶液 pH 值的降低，其生成的次生矿物还能进一步提高破碎岩样的降渗效果。因此，实验中期(第47～76 d)出现的水渗透率快速下降现象主要对应于铁质沉淀物的逐步增多过程，沉淀物或次生矿物对破碎岩样的充填封堵降渗作用明显。

对比实验第 2～46 d 和第 47～76 d 这两个阶段的岩样水渗透性降低趋势也不难发现，次生矿物相比铁质沉淀物对破碎岩样的封堵降渗作用明显偏低，但如何进一步定量评价两者降渗作用的差异尚有待进一步研究。

(4) 随着水溶液 pH 值逐步趋于中性，矿物受溶解、溶蚀作用程度以及 Fe^{2+} 等金属阳离子的析出量也逐步较小，造成铁质沉淀物与次生矿物等衍生物质的生成进程大幅度降低，相应破碎岩样的绝对渗透率递减速率也趋于平缓，说明水溶液对岩样的降渗作用进入尾声。

(5) 式(4-1)～式(4-4)的化学反应很好地解释了表 4-6 所示实验后岩石出现的 SiO_2、云母与黏土矿物占比增高以及钾长石、斜长石矿物占比降低的现象，也说明表 4-7 所示实验后岩石中 Na、Ca、Mg、K 等金属元素占比的降低，以及表 4-8 所示实验后水溶液中相关金属阳离子含量的增高是由水溶液的溶解、溶蚀和相关离子交换反应造成的。而式(4-6)所示 K^+ 与中长石的进一步化学反应,则解释了实验后岩石中 K 元素占比降幅不大且水溶液中 K^+ 含量偏低的现象(岩石受溶解、溶蚀作用形成的 K^+ 又与其他矿物生成新的矿物成分而继续留在岩石中)。

(6)由实验结果可见酸性水对含铁破碎岩体具有明显的降渗作用。受此启发,在开展采动裂隙岩体修复的保水采煤实践时,可充分利用上述规律,选择对富铁质矿物的破坏岩层注入酸性物质,以促使铁质矿物的溶解及 Fe^{2+} 的析出;同时配合含氧水或碱性水的灌注等方式,促进 $Fe(OH)_3$ 等沉淀物的生成及其对岩体孔隙/裂隙的充填、封堵,最终实现裂隙岩体的人工促进修复与地下含水层的生态修复,详见第 5 章。

4.5 不同地下水采动混流对导水裂隙自修复的影响

煤系地层形成过程中,通常会在不同地质年代或不同地层范围内形成富水性不一的含水层,这些含水层因其所处的地球化学环境不同,其赋水理化特性一般也有所不同(如阴阳离子成分、pH 值、矿化度等)。当煤层开采引起的覆岩导水裂隙沟通或破坏多层含水层时,这些来自不同层位含水层的地下水在导水裂隙中流动时将出现交汇与混合;若它们之间存在能发生沉淀反应的离子成分(如其中某一地下水富含 Ca^{2+},另一地下水富含 CO_3^{2-} 或 SO_4^{2-}),那么产生的化学沉淀将会对相应区域裂隙岩体产生良好的修复作用,从而阻止或减缓地下水的进一步流失。因此,采后不同地下水交汇混流产生化学沉淀也是引起导水裂隙修复降渗的重要过程,研究其作用机理与规律对于进一步丰富和完善导水裂隙自修复机制具有积极的促进作用。

4.5.1 地下水混流产生沉淀修复裂隙的实验测试

4.5.1.1 实验测试方案

实验根据神东矿区补连塔煤矿 12 煤四盘区 12401 工作面的水文地质条件开展,该工作面覆岩中存在多层含水层,且采动导水裂隙直接沟通了这些含水层,出现了裂隙岩体的自修复现象(具体工程探测详见 4.7 节)。

(1)岩样试件制备

本书采用补连塔煤矿现场采集的直罗组砂岩样开展实验。首先,将岩样加工成直径为 25 mm、高为 100 mm 的圆柱形试件;其次,利用巴氏劈裂法在压力实验机上将试件人为劈裂,以制作形成单裂隙岩样,如图 4-31 所示。

(2)模拟地下水配制

模拟补连塔煤矿地下水的水质情况,用去离子水和化学试剂配制成一定浓

图 4-31　实验用单裂隙砂岩样

度的水溶液来模拟地下水(见图 4-32)。12401 工作面覆岩中赋存有 3 组含水层或含水岩段,由上至下分别为第四系全新统含水层、白垩系志丹群含水层、侏罗系直罗组含水层;各含水层对应的水质化验情况详见表 4-9。考虑到第四系全新统地下水受季节影响较大,而白垩系志丹群地下水相对稳定,且两者的水质特征相差不大,因而根据志丹群地下水成分来模拟配制浅层地下水。根据表 4-9 所示的现场水质化验情况,用去离子水和 $CaCl_2$、$NaHCO_3$ 配制成 Ca^{2+} 和 HCO_3^- 浓度分别为 99.2 mg/L 和 377.2 mg/L 的水溶液以模拟浅部地下水,对应每升去离子水中需添加的 $CaCl_2$ 和 $NaHCO_3$ 试剂量分别为 274.7 mg 和 519.1 mg;同理,用去离子水和 $NaHCO_3$、$NaCl$、Na_2CO_3 配制成 HCO_3^-、Cl^- 和 CO_3^{2-} 浓度分别为 510 mg/L、280 mg/L 和 65 mg/L 的水溶液以模拟直罗组地下水,对应每升去离子水中需添加的 $NaHCO_3$、$NaCl$ 和 Na_2CO_3 试剂量分别为 702.3 mg、461.4 mg 和 114.8 mg。

图 4-32　模拟地下水配制

表 4-9 12401 工作面覆岩不同含水层水质成分化验表

含水层	pH 值	离子含量/(mg/L)								
		Na$^+$	Ca^{2+}	Mg^{2+}	NH$_4^+$	Cl$^-$	SO$_4^{2-}$	HCO$_3^-$	CO$_3^{2-}$	NO$_3^-$
第四系全新统含水层	7.5～7.9	4.1	62.3	7.7		4.6	8.4	210.9		10.2
白垩系志丹群含水层	8.1～8.8	42.4	99.2	13.8	0.1	49.2	17.8	377.2		
侏罗系直罗组含水层	8.9～9.1	423.2	2.5	1.2	0.2	280.8	4.8	511.5	67.8	

（3）实验过程

采用图 4-33 所示的实验装置开展相关实验测试工作,实验系统主要由 2 个恒压恒速泵、2 个中间容器、1 个岩心夹持器、1 个环压泵,以及相关阀组、管路等组成。其中 A 泵用于注入模拟浅部地下水,B 泵用于注入模拟直罗组地下水。

图 4-33 不同地下水交汇混流产生化学沉淀对裂隙岩样的修复降渗实验装置

首先,进行裂隙岩样原始绝对渗透率的测定。将裂隙岩样试件充分饱水后装入岩心夹持器中,并施加 5 MPa 的围压;开启 A 泵,以 5 mL/min 的恒定流量向裂隙岩样注入模拟地下水,待渗流稳定后,根据监测得到的岩心夹持器注入端的水压值,按照绝对渗透率的计算公式确定其初始渗透率值。

其次,开展不同地下水交汇混流条件下的裂隙岩样渗透率变化规律的实验测试。按照现场曾开展的探放水钻孔和水文地质勘探钻孔的抽水实验与测试结果,浅部地下水的渗流量明显高于直罗组地下水,前者约为后者的 1.5 倍,故将 A 泵的流量设定为 3 mL/min,B 泵的流量设定为 2 mL/min,总流量仍保持在 5 mL/min。同时开启 A、B 泵,以模拟不同地下水交汇后在裂隙岩体中的渗流过程。实验过程中实时监测岩心夹持器注入端的水压变化情况,以反映不同地下水交汇产生 CaCO$_3$ 沉淀对裂隙的封堵降渗效果。

最后,当测试得到的裂隙岩样的渗透率状态与直罗组含水层岩组的渗透能力相当时(即岩心两端压力差达 1.5 MPa),视为自修复的结束,关闭 A、B 泵,停止实验并取出岩样。待岩样自然干燥后,采用体视显微镜对裂隙面沉积的沉淀物分布形态进行观测,以考察沉淀物在裂隙通道中的吸附-固结过程,为解释裂隙岩样渗透率变化机理提供依据。

4.5.1.2　实验结果与分析

如图 4-34 所示,在累计实验时长超过 2 个月后,裂隙岩样两端压力差已达到 1.5 MPa,且表现出显著降渗修复特征,绝对渗透率已由初始的 0.075 mD 降低为 0.002 5 mD,降渗幅度达 29 倍;实验结束时对应的裂隙岩样渗透系数已达到直罗组含水岩组对应岩层的原始渗透系数。可见,不同水质特征的地下水交汇混流产生的化学沉淀对导水裂隙产生了十分显著的修复作用。

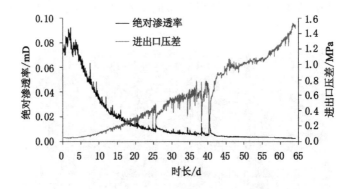

图 4-34　裂隙岩样的降渗和升压曲线

由实验过程的降渗或升压曲线可以看出,裂隙修复过程呈现一定的分区性,升压速率呈现先慢后快的趋势。在初始阶段,岩芯两端压力差保持平稳升高趋势(因出水端未施加回压,因而压力差等同于注水压力),但实验至第 25 d 左右时,压力曲线的波动性开始显现,曾出现 2 次较为明显的"失压"现象,且压力差越大,这种"失压"程度就越大。这表明随着水压的增大,水力渗流对 $CaCO_3$ 沉淀物的冲蚀作用显现,导致原先已吸附于裂隙表面的沉淀物可能受水力冲蚀作用而流失,引发"失压"现象。然而,随着沉淀物不断吸附沉积于裂隙通道中,注水压力随之增高,当水压增高至 0.9 MPa 左右时,这种"失压"现象未再出现,表明水压增大到一定程度后,其反而能对裂隙面沉积的沉淀物起到一定压实或密实作用,从而可能提高其堵塞的稳定性。

由上述实验结果可以推断,工作面采后不同地下水在导水裂隙中交汇混流过程中,水力冲蚀与 $CaCO_3$ 的吸附-固结一直处于对冲状态;显然,水流速度及水压越小、沉淀物的产生速度与产生量越大，则沉淀物的固结成垢越能占据主导优势。补连塔煤矿 12401 工作面覆岩含水层涌水量相对偏低，因而在历时 15 a 后产生了很好的自修复效果。

同时，通过将实验后的裂隙岩样放置到体视显微镜上观测后发现（如图 4-35），$CaCO_3$ 晶体在裂隙面的吸附-固结的"生长"现象显著，晶体呈现典型的"针状"或"丝状"形态，晶体间相互吸附、包裹，形成一定的密实体堵塞于裂隙通道中修复裂隙，引起水渗流能力降低。在岩芯出口处盛放流出水溶液的烧杯中也观测到了 $CaCO_3$ 的存在，这可能由于实验的岩样试件较短，混流产生的沉淀物并未全部吸附停留在裂隙通道中。

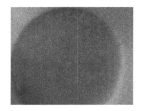

（a）裂隙面吸附的 $CaCO_3$ 晶体　　　　　（b）排出水溶液表面漂浮的沉淀物

图 4-35　岩样裂隙面及出口处观测到的 $CaCO_3$ 沉淀物

4.5.2　地下水混流产生沉淀修复裂隙的过程

图 4-36 是根据补连塔煤矿 12401 工作面水文地质条件绘制而成的采后地下水流动示意图。煤层开采过程中，采空区上方含水层中赋存的地下水（静态储水）将逐步流失殆尽，直至工作面回采结束，地下水将长期主要以横向补给方式由采区外围向采空区流动，最终疏排至井下成为矿井涌水。因此，在采动覆岩长期演变的自修复进程中，采区边界附近的裂隙岩体主要接受受损含水层地下水的横向补给径流，而采区中部区域的裂隙岩体中，则主要由大气降雨补给至第四系松散层的水体径流通过。这种差异将直接造成对应区域发生的水-岩或水-气-岩相互作用过程的不同。

在采区边界附近岩体中，不同层位地下水以横向补给方式不断向采空区裂隙岩体流入，在此过程中，既会有前章所述地下水与裂隙岩体、采空区气体发生水-岩或水-气-岩相互作用对裂隙的修复降渗过程，还会出现因不同层位、不同水质地下水混合与交汇产生的化学沉淀（简称混流反应）对裂隙的修复降渗作用；本节重点对后者的作用过程和机理进行分析。根据表 4-9 所示的水质化验结果，浅部的第四系全新统和白垩系志丹群含水岩组地下水中 Ca^{2+} 含量偏高，而

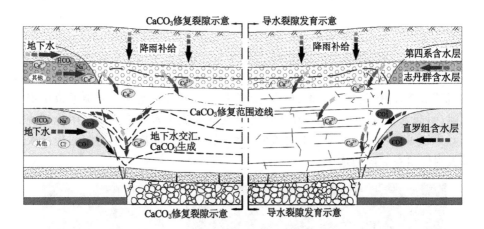

图 4-36　地下水交汇生成 $CaCO_3$ 修复裂隙及导水裂隙分布的镜像示意图

注:第四系全新统含水层与白垩系志丹群含水层间无明显隔水层,故图中两者地下水流动按一体绘制。

下位的直罗组地下水中 CO_3^{2-}、HCO_3^- 含量较高,两者汇聚将直接引起 $CaCO_3$ 沉淀的产生(式 4-10、式 4-11)。

$$Ca^{2+} + CO_3^{2-} \longrightarrow CaCO_3 \downarrow \tag{4-10}$$

$$HCO_3^- + OH^- \longrightarrow CO_3^{2-} + H_2O \tag{4-11}$$

$CaCO_3$ 沉淀自产生后即随水扩散流动,因其所带电荷与岩石中的主导矿物石英正好相反,在迁移过程中将不断吸附于裂隙通道中;同时其表面附着的 Ca^{2+} 会进一步促进新的沉淀覆盖在已形成的 $CaCO_3$ 晶体上,表现为裂隙面吸附 $CaCO_3$、$CaCO_3$ 吸附 $CaCO_3$ 的晶种着床与晶体生长过程。由此,沉淀物不断产生,并层层包裹、固结生长,呈现出包藏—共沉—固结的结垢过程。当 $CaCO_3$ 沉淀的这种持续产生与迁移吸附情况累积至一定程度时,裂隙中将形成一定范围的结垢物或包结物,堵塞通道,最终实现裂隙的修复降渗。

结合覆岩导水裂隙的分布与发育特征,推断绘制了 $CaCO_3$ 修复裂隙岩体的迹线变化范围(见图 4-36)。由于采区边界附近岩层处于破断回转的张拉状态,裂隙开度大、导水能力强,需要沉淀物充填或封堵的空间相对较大,导致沉淀物在流经此区域时产生结垢堵塞的难度显著增加,因而其修复迹线表现为"下凹"形态。一旦侏罗系直罗组含水层底界附近岩层在对应张拉裂隙区完成沉淀物的修复后,交汇地下水的流动路径将发生改变,将由原先以垂向径流为主的方式逐步变为以横向径流为主,由此沉淀物的修复将向横向扩展,逐步扩大修复裂隙的平面覆盖范围。随着受 $CaCO_3$ 修复的裂隙岩体范围不断增大,$CaCO_3$ 修复的迹线也进一步上移,同时缓慢抬升侏罗系直罗组地下水位;由于远离开采边界位置的裂隙开度逐渐变小,受 $CaCO_3$ 修复的难度随之降低,一旦某处裂隙受修复发生堵塞,将诱导交汇的地下水向上迁移渗流,由此在该处将形成"上凸"的修复迹线。这种"上凸"一定程度上将阻碍沉淀物随水向采区中部迁移,从而影响中部区域裂隙的修复效果。当直罗组含水层对应导水裂隙带侧向轮廓线处的修复迹线达到其顶界面时,含水层内水体将难以再向采空区渗流,它与上部浅层位地下水的交汇以及沉淀物的修复就此结束。此后,将单纯是浅层位地下水与裂隙岩体的相互作用。

可见,仅当开采边界附近裂隙岩体受修复达到一定范围时,混合地下水及其产生的 $CaCO_3$ 沉淀才能通过横向径流方式流向采区中部裂隙岩体,在此之前,裂隙岩体长期仅由季节性降雨补给渗流通过,以水-岩相互作用引起的修复降渗过程(中部采空区气体不富集)为主。可见,对于采区中部裂隙岩体,其自修复进程的前期由水-岩相互作用主导,后期则由混流反应和水-岩相互作用共同主导;相比而言,采区边界附近裂隙岩体在整个自修复进程中几乎均为混流反应和水-岩或水-气-岩相互作用共同主导。

由于水-岩或水-气-岩相互作用涉及的溶解、溶蚀以及在此之后产生的离子交换等物理、化学反应过程较为缓慢,虽然其间也会有化学沉淀或次生矿物等衍生物质的产生,但其产生量及其产生速度相比混流反应产生化学沉淀的对应量明显偏小,因而单纯依靠水-岩或水-气-岩相互作用难以对裂隙产生较好的修复降渗效果,尤其是非泥质岩性、裂隙开度偏大的裂隙岩体。这一点可由已有研究与前述实验测试结果的对比作进一步验证。前述4.3节开展了神东典型岩性裂隙岩样在水-气-岩相互作用下的自修复降渗实验,其裂隙岩样初始渗透率略低于本实验岩样,但在历经近15个月时间的自修复作用后,绝对渗透率仅由 0.033 mD 降低至 0.015 mD,降渗幅度及降渗效率均明显偏低。在其自修复实验中,虽然也观测到了铁/钙质沉淀的产生,并相应产生了一定的修复降渗作用,但由于其含量明显偏低,因而降渗速度明显偏小。相比而言,本次实验产生化学沉淀的相关离子成分是地下水中原始赋存的,在地下水发生交汇混流时沉淀物即会生成,因而其沉淀物产生量及其对裂隙的修复效果要明显偏好。也正因为此,在实验末期注水压力已达到 1.5 MPa 的条件下,裂隙渗透性也未发生明显波动。这不仅体现了 $CaCO_3$ 沉淀对裂隙具有良好的修复降渗能力,也说明这种由不同水质地下水交汇混流产生化学沉淀引起的裂隙自修复过程更加高效而稳定。

上述分析很好地解释了补连塔煤矿现场实测结果中采区中部裂隙岩体自修复效果反而欠佳的特殊现象。当然,值得说明的是,由于大气降雨受季节变化影响较大,因而受其补给的地下水径流难以持续稳定,造成采区中部裂隙岩体的水-岩相互作用过程不能长期连续,这也是造成中部压实区导水裂隙修复效果相对不佳的原因。

4.5.3 讨论

(1)本次实验也对导水裂隙的人工引导修复对策制定起到了良好启发。若某一工程对象并不存在采后地下水发生交汇混流并产生化学沉淀的水文地质条件,可根据受开采扰动而发生流失的地下水化学成分,合理选取能与其产生化学沉淀的修复试剂,通过人为灌注方式将其注入裂隙岩体中,从而引导流失地下水与修复试剂产生化学沉淀,最终修复裂隙。相关对策为矿区开展采动地下水的生态功能恢复实践提供了技术途径,详见后节。

(2)值得说明的是,本次实验仅是选取的砂岩样试件在这种特定的裂隙发育情况下开展的,其实验条件与实际不可避免地存在一定差异,如地下水流量、裂隙发育开度、岩样岩性等,由此导致裂隙修复时间与实际不一定相同。显然,裂隙开度越大,需要用于其封堵修复的沉淀物产生量也相应增大。因此,对于补连塔煤矿探测区这种开采条件,采后地下水的流量越大(尤其是直罗组地下水流量),裂隙修复所需时长相应越短。另外,本次实验采用的裂隙岩样其裂隙开度相对偏低,受实验条件和时间的限制,本次尚未开展大开度裂隙的修复降渗实验,但相关实验原理是类似的;可以预见,只要采后累积的自修复时间足够长(如补连塔案例的 15 a),这种地下水交汇混流产生的化学沉淀就可对裂隙岩体产生良好修复效果,对此后续将开展更深入的验证研究。

4.6 采动破坏岩体的裂隙自修复机理

"自修复"一词常运用于自然生态、水土保持等研究领域[137-139],它是指受破坏或创伤的物体依靠自然界本身存在的各种生物、化学和物理等作用,自行恢复其原有的某些属性的过程或方法。根据前述 4.2 节～4.4 节开展的不同采动破坏岩样在水-气-岩相互作用下的自修复测试实验可以发现,采动覆岩破坏后的自修复实际是地下水、采空区气体、破坏岩体三者的"水-气-岩"物理、化学作用与地层采动应力共同影响的结果[如图 4-37(a)所示],其也应属于自然界中自修复的一种。

在覆岩采动裂隙动态发育过程中,受扰动的地下水以及采空区的 CO_2、SO_2、H_2S 等气体将通过导水(气)裂隙通道流散并与破坏原岩发生充分反应,岩石中的元素受溶解和溶蚀等作用发生迁移与富集,导致原岩结构被破坏而发生

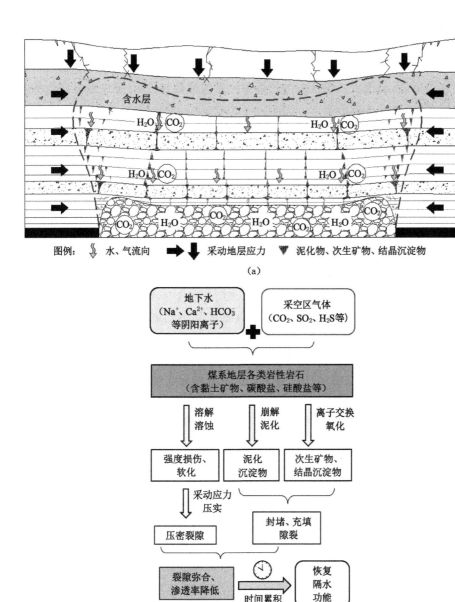

图 4-37 采动覆岩导水裂隙自修复过程示意图

注:图(a)中暂用 CO_2 代表采空区中易与水、岩发生反应的气体,
采动地层应力的标识只代表其方向,不代表其应力大小。

泥化、软化,并生成次级矿物及新的结晶沉淀物[80-81,140]。如此,在采动地层应力的压实和水平挤压作用下,受软化的破坏原岩发生流塑变形并压密采动裂隙;生成的次级矿物和结晶沉淀物则直接充填、封堵采动裂隙、孔隙等缺陷。长时间的累积作用后,采动覆岩一定范围内的裂隙将发生弥合与尖灭,最终恢复原岩的隔水性能,阻止区域水源的漏失,如图 4-37(b)所示。也正因为这一过程,才出现了现场实践中发现的冒落岩块自胶结成岩以及水文观测钻孔水位回升等现象。所以,与其他研究领域不同的是,本章所述"自修复"是指受采动破坏的岩体在自然界力量的作用下恢复原岩自有的隔水功能的过程,而非恢复到原岩的原始赋存和力学强度状态。

综合上述分析,采动覆岩导水裂隙的自修复可概括总结为如下 5 个方面的物理或化学作用过程。

(1)应力压实作用。当煤层采后形成相当范围的采空区后,上覆岩层将达到充分采动状态,由此在采动应力的长期压实作用下岩层将逐步趋于稳沉;在此过程中,覆岩中一些区域的导水裂隙将趋于闭合甚至消失,这在采区中部覆岩中尤为明显;该区域破断岩层因回转平稳,其破断块体间断裂裂隙相互贴合,原先可能发育的一些层理或离层裂隙将进一步受压闭合、消失,尤其是在有泥岩等软岩赋存的区域较为突出。同时,在采区边界附近岩层中也有类似现象发生。采区边界外侧一定范围煤岩体受超前支承压力影响发生持续塑性蠕变,使得开采边界外侧对应覆岩进一步下沉,由此减小开采边界附近张拉导水裂隙的宏观开度。导水裂隙宏观开度的减小将有助于促进裂隙自修复的进程,降低自修复难度。

(2)水-岩相互作用之水流冲蚀降低裂隙面粗糙度。地下水在经由导水裂隙通道流动时,会溶解和溶蚀岩石中的元素或矿物成分;经过长时间的累积后,原岩会因结构的破坏而发生软化,而岩石破断裂隙面也会因水流的长期冲蚀作用趋于光滑。如此,在采动地层应力的垂直压实和水平挤压作用下,受软化的破坏原岩将发生流塑变形并压密采动裂隙,而裂隙面也会因粗糙度的降低更易紧密接触,最终降低裂隙的水渗流能力,如图 4-38 所示。其中,裂隙因岩体流塑变形而被压密的作用一般发生在超前煤岩体中因支承压力作用产生的峰后破坏裂隙中;而因裂隙面趋于光滑而贴合紧密的作用一般发生在岩层破断块体的铰接接触面处,对应于岩层周期性破断回转运动产生的断裂裂隙。

(3)水-岩相互作用之亲水矿物遇水膨胀。这种作用主要发生于富含黏土矿物的泥岩类岩石中。蒙脱石、伊利石、高岭石等亲水黏土矿物遇水易发生膨胀、崩解、泥化等现象,膨胀作用使得裂隙空间被逐步压缩,而崩解、泥化产生的泥化物则会充填封堵裂隙空间,从而促使裂隙逐步弥合甚至消失。而且,由于黏

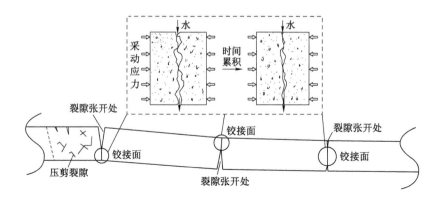

图 4-38　裂隙面受冲蚀而紧密贴合并降低导流性的示意图

土矿物中铝氧八面体的 Al—O—H 键是两性的,它在碱性地下水环境中易电离出 H^+,使其表面负电荷增加,导致晶层间斥力增大,促使黏土矿物更易水化膨胀或分散。因此,泥岩类岩石的采动裂隙在碱性地下水环境下更易发生自修复。

（4）水-气-岩相互作用之离子交换化学反应。地下水中的阴阳离子和岩石中的一些矿物成分会发生一系列的氧化还原反应,相关反应往往会产生次级矿物或新的结晶沉淀物,这些次级矿物或沉淀物会顺着水流逐渐充填、封堵采动裂隙或孔隙等缺陷,降低破坏岩体的导水能力。例如,长石等原生铝硅酸盐易与采空区逸散的 CO_2 反应生成高岭石等黏土矿物和石英等,以钾长石为例,则发生式(4-2)所示的化学反应;岩石矿物中溶解的 Ca^{2+} 可与地下水中的 CO_3^{2-}（或 CO_2）、SO_4^{2-} 生成 $CaCO_3$ 和 $CaSO_4$ 沉淀;菱铁矿、磁铁矿、绿泥石等富铁矿物在弱酸性地下水条件下易形成 $Fe(OH)_3$ 沉淀,且当 Fe^{2+} 浓度超过 5 mg/L 时,生成的 $Fe(OH)_3$ 能加速 Fe^{2+} 的氧化反应,促进 $Fe(OH)_3$ 的沉淀与絮凝。

（5）水-水作用之化学沉淀反应。覆岩中受采动导水裂隙沟通的不同含水层其赋存水体会在一定区域发生交汇和混流,当这些不同层位的地下水含有能相互发生沉淀反应的阴阳离子成分时（Ca^{2+} 和 CO_3^{2-} 或 HCO_3^-,Ca^{2+} 和 SO_4^{2-} 等）,这些化学沉淀将在地下水交汇区不断生成,并随水流在裂隙通道中迁移;受化学沉淀吸附-固结特性的影响,沉淀物将不断吸附于裂隙面并层层包裹、固结成垢,最终形成具备一定耐冲蚀能力的结垢体,堵塞裂隙通道。当然,这种情况并非所有条件下都会发生,仅当覆岩导水裂隙沟通的多个含水层各自赋水中存在能相互发生化学沉淀反应时,才会有这种自修复现象的发生,且相关关键离子的浓度应达到持续产生化学沉淀的电离或溶度积常数。

由此可见,地下含水层受煤层采动破坏后,其漏失水体在导水裂隙通道中流动时会与破坏岩体发生一系列的物理、化学反应,随着时间的累积以及采动地层应力的持续作用,覆岩导水裂隙将因压密或封堵作用而降低水渗流能力,最终呈现自修复的现象。

根据前述不同条件下的水-岩或水-气-岩相互作用实验,以及不同地下水交汇混流的模拟实验,可以看出上述 5 种自修复的过程中"亲水矿物遇水膨胀对裂隙空间的挤占"产生的修复降渗速度最快,但最终渗透率降低的程度有限;"地下水交汇混流产生化学沉淀"产生的修复降渗效果最为稳定,承受高水压冲蚀的能力更强;而对于"水流冲蚀降低裂隙面粗糙度使得裂隙贴合更紧密"以及"溶解、溶蚀矿物离子与水、气化学反应生成衍生物充填裂隙"这两个自修复过程,其反应进行的时间相对漫长。但不管哪种自修复过程,其最终所能获取的修复降渗效果都有赖于采后覆岩稳沉或残余沉降过程中"应力压实减小裂隙开度"的修复作用,这种压实过程对裂隙开度的降低幅度越大,后续裂隙实现自修复甚至隔水所需的时间越短、效果越好。综合而言,应力的压实修复作用是基础,存在混流产生化学沉淀的地下水条件是高效实现裂隙自修复的保障,对于某一特定开采条件,其采动覆岩导水裂隙的自修复难度或能取得的自修复效果也应在此基础上进行判别。

4.7 采后覆岩裂隙自修复过程演变及其临界条件

4.7.1 神东矿区典型矿井裂隙岩体自修复的工程探测

补连塔煤矿和大柳塔煤矿位于神东矿区的中心地带,其赋煤条件代表了神东大部分区域的地质特征,因而选取它们作为本次探测的实验矿井。本实验综合采用钻孔冲洗液漏失量法和钻孔电视观测法,以获得工作面采后多年覆岩采动裂隙分布变化情况,揭示其自修复特征。其中,补连塔煤矿选取 12401 工作面为实验区,该工作面曾于 2007 年 7 日开展探测,距本次探测已有 15 a;大柳塔煤矿选取 52306 工作面为实验区,该工作面曾于 2015 年 3 月开展探测,距本次探测已有 7.3 a。

4.7.1.1 补连塔煤矿 12401 实验面探测

(1)基本条件

补连塔煤矿 12401 工作面位于 12 煤四盘区,是该盘区的首采工作面,其西翼为盘区边界煤柱,东翼为 12402 接续工作面(见图 4-39)。12401 工作面已于

2007年开采完毕。工作面开采煤层埋深为221～283 m,上覆基岩厚度为180～240 m,地表大多被第四系松散层覆盖;煤层厚度为3.4～6.4 m,平均厚度为4.6 m,煤层倾角为1°～3°;覆岩柱状如图4-40所示。工作面走向推进长度为4 629 m,倾向宽度为276 m,设计采高为4.3 m。

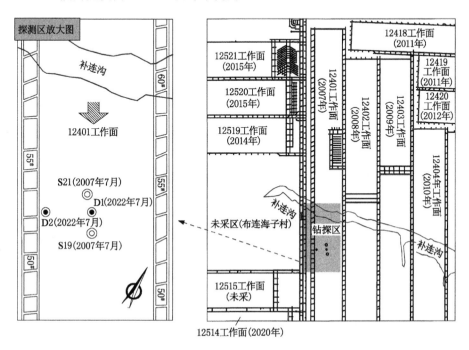

图4-39　补连塔煤矿12401工作面探测钻孔布置平面图

12401工作面当年在距离切眼2 164 m位置共布置了S19和S21两个探测孔,均位于工作面倾向中部,两孔间距为88.9 m,终孔深度分别为243.7 m和238.6 m,如图4-39所示。本次探测,在上述2个钻孔位置附近再次施工了D1、D2探测孔,其中D1孔位于工作面倾向中部,并处于S19和S21孔中间,D2孔位于工作面西翼开采边界内侧附近,距离边界煤柱20 m;两孔终孔深度均为250 m,直至1-2煤层底板。

(2)采后当年历史探测结果(S19、S21孔)

S19孔在钻进至孔深86.7～88.0 m阶段,冲洗液漏失量从0.125 L/(s·m)迅速升至2.167 L/(s·m),在钻进83.7～87.0 m阶段孔内水位由11.45 m瞬间漏失至孔底,并在孔深为87.1 m时出现持续的钻孔进风现象。后续在钻进至孔深120.0 m时,曾出现掉钻、卡钻现象;钻进至223.5 m时,又出现多次卡钻现象。经

含水层采动破坏机制与生态修复

层号	厚度/m	埋深/m	岩性	柱状	关键层
1	57.60	57.60	风积砂	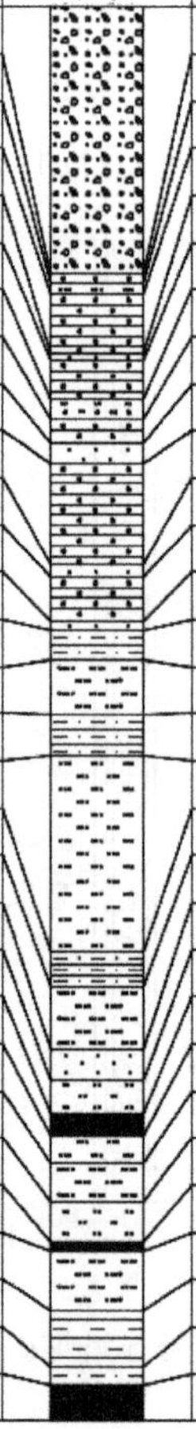	
2	1.25	58.85	砂砾岩		
3	1.58	60.43	细粒砂岩		
4	10.72	71.15	砂砾岩		
5	0.80	71.95	粗粒砂岩		
6	8.50	80.45	砂砾岩		
7	4.94	85.39	含砾中砂岩		
8	2.60	87.99	砾岩		
9	3.65	91.64	粗粒砂岩		
10	23.61	115.25	砾岩		
11	1.50	116.75	粗粒砂岩		
12	8.21	124.96	砾岩		
13	1.40	126.36	粗粒砂岩		
14	3.87	130.23	砂质泥岩		
15	10.62	140.85	粉砂岩		
16	8.88	149.73	砂质泥岩		
17	32.07	181.80	细粒砂岩		主关键层
18	5.90	187.70	砂质泥岩		
19	12.92	200.62	粉砂岩		亚关键层
20	3.30	203.92	粗粒砂岩		
21	3.86	207.78	中粒砂岩		
22	1.18	208.96	11煤		
23	2.34	211.30	细粒砂岩		
24	4.30	215.60	粉砂岩		
25	5.00	220.60	中粒砂岩		
26	0.17	220.77	12上煤		
27	9.91	230.68	粉砂岩		亚关键层
28	9.60	240.28	泥岩		
29	1.32	241.60	砂质泥岩		
30	5.92	247.52	12煤		

图 4-40 12401 工作面覆岩柱状图

综合分析判断,孔深 86.7 m 和 223.5 m 分别为导水裂隙带和垮落带的顶界,对应"两带"高度分别为 153.9 m 和 17.1 m。类似地,S21 钻孔在孔深为 97.0～97.5 m 阶段,冲洗液漏失量从 0.006 5 L/(s・m)迅速升至 29.96 L/(s・m),孔内水位则由 3.85 m 瞬间漏失至孔底;在钻进至孔深 217.9 m 后,同样出现多次卡钻现象。经过综合分析判断,孔深 97.0 m 和 217.9 m 分别为导水裂隙带和垮落带的顶界,对应"两带"高度分别为 140.6 m 和 19.7 m。

(3)本次探测结果(D1、D2 孔)

D1、D2 孔钻进过程的冲洗液漏失量和孔内水位变化情况如图 4-41 所示。D1 孔在浅部区段钻进过程中,钻孔冲洗液漏失量普遍偏小,基本处于 0.1～

0.2 L/(m·s);钻进至孔深 110.0 m 时,冲洗液漏失量突然增大至 6.04 L/(m·s),孔内水位随即快速下降;继续钻进至孔深 118.6 m 时,冲洗液漏失量又减小为 0.75 L/(m·s),且孔内水位出现缓慢回升;钻进至孔深 174.4 m 时,冲洗液漏失量再次突增,同时孔内水位漏至孔底且后续钻进直至终孔一直维持这种冲洗液大量漏失现象。可见,在孔深 110.0～118.6 m 以及 179.1 m 至终孔的区段,仍存在裂隙显著发育现象。D2 孔探测结果与 D1 孔基本相同,但它在孔深 110.0～118.6 m 范围并未出现冲洗液大量漏失现象,直到钻进至孔深 179.1 m 时才开始表现出冲洗液显著漏失现象;当钻进至孔深 243.5 m 时,陆续出现 2 次掉钻现象,掉钻深度为 0.3～0.4 m。

而钻孔电视的观测结果显示,无论是 D1 孔还是 D2 孔,在孔深 86 m 左右开始陆续出现孔壁裂隙发育或破坏的痕迹;直至孔深 177 m 左右,这种裂隙发育与破坏的密集程度显著增大。这与工作面采后当年开展的钻探结果相符,当年施工的 S19 钻孔探测时即在孔深 86.7 m 位置开始出现冲洗液大量漏失和水位突降现象。可见,经过 15 a 的演变,覆岩中虽然仍能探测到裂隙发育的显著痕迹,但其导水渗流性能相比初始状态已发生较大改变,体现出裂隙自修复的良好效果。利用钻孔电视的观测结果,结合孔壁围岩的破坏情况,判断孔深 229.5 m 位置开始进入垮落带,对应垮落带高度为 12.5 m。

（4）采后 15 a 前后对比的自修复特征

通过将工作面采后 15 a 前后的探测结果进行对比后发现(见图 4-41),采动覆岩裂隙自修复现象显著。在原先孔深 86.7～174.4 m 钻进范围内出现的冲洗液大量漏失现象在本次探测时并未出现,仅 D1 孔在孔深 110.0～118.6 m 的局部范围出现暂时漏液现象。这说明 D1 孔对应采区中部区域覆岩在埋深 86.7～110.0 m 和 118.6～174.4 m 区段范围的导水裂隙已实现自修复,埋深 110.0～118.6 m 区段仍存在导水裂隙未修复现象,这与采后覆岩在该区域破坏程度较高、裂隙发育较明显有关(S19 孔曾在此出现掉钻、卡钻);而 D2 孔对应开采边界附近覆岩在埋深 86.7～179.1 m 区段范围的导水裂隙已实现自修复。由此可见,开采边界附近覆岩导水裂隙自修复效果相对偏优。

4.7.1.2 大柳塔煤矿 52306 实验面探测

大柳塔煤矿 52306 工作面位于 5-2 煤三盘区,其南翼为邻近已采的 52305 工作面采空区,北翼为接续开采的 52307 工作面,该工作面于 2015 年回采结束,如图 4-42 所示。工作面对应地面标高为 1 160.8～1 216.2 m,底板标高为 1 009.87～1 024.97 m;煤层厚度为 7.2～7.6 m,平均厚度为 7.35 m;上覆岩层柱状如图 4-43 所示。工作面走向推进长度为 1 285 m,倾向宽度为 292.5 m,设计采高为 6.6 m,采用 7.0 m 支架进行回采。

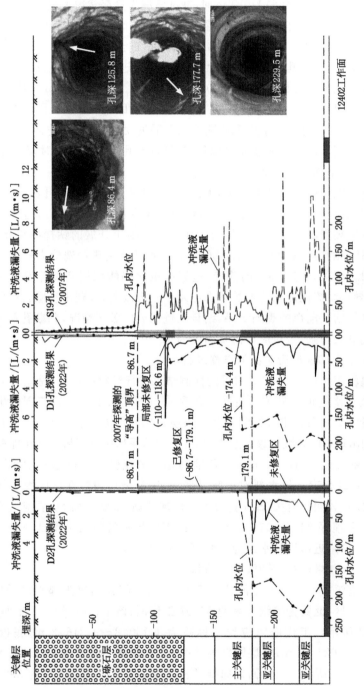

图 4-41 补连塔煤矿12401工作面采后15 a覆岩跨裂状况的钻探结果

注：S19和S21钻孔的探测结果基本相同，故图中仅以S19孔的探测结果为代表[12]。

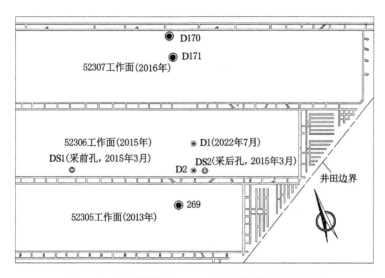

图 4-42 大柳塔煤矿 52306 工作面探测钻孔布置图

52306 工作面当年曾在距切眼 412.6 m 和 980.9 m 位置分别布置了采后孔 DS2 和采前孔 DS1,两孔均位于工作面区段煤柱附近,距煤柱边界 26 m;两孔终孔深度为 165 m。本次探测,在采后孔 DS2 附近对应工作面倾向中部和开采边界附近分别布置了 D1、D2 探测孔,两孔终孔深度为 190 m,直至 5-2 煤底板。其中 D2 孔与 DS2 孔一样距煤柱边界 26 m,与 DS2 孔间距为 48.5 m,与 D1 孔间距为 112.4 m。

(1)采后当年历史探测结果(DS2 孔)

因 DS1 采前孔冲洗液漏失并不明显,故本节主要叙述 DS2 采后孔钻进过程的探测结果。当 DS2 采后孔钻进至 31.8 m 时,开始出现孔口不返浆现象,对应冲洗液漏失量增至 3.25 L/(m·s);而后钻进至 35.8 m 时,孔口恢复返浆,但冲洗液漏失量处于 0.6~1.3 L/(m·s)的偏高水平;继续钻进至 46.3 m 时,再次出现孔口不返浆,且孔内水位降至孔底。此后钻进过程冲洗液一直呈现较高漏失量。同时,钻孔钻进至孔深 146.3 m 时出现吸风现象,钻进至孔深 149.0 m 处发生掉钻,掉钻高度为 0.30 m,后续又在孔深 163.8 m 处再次发生掉钻,掉钻高度达 0.50 m,孔内吸风瞬间加剧,可听到风声,并发生卡钻。综合分析判定孔深 46.3 m 和 163.8 m 处分别为导水裂隙带和垮落带的顶界,对应"两带"高度分别为 137.3 m 和 19.8 m。

(2)本次探测结果(D1、D2 孔)

D1、D2 孔钻进过程中冲洗液漏失量与孔内水位变化曲线如图 4-44(a)所

层号	厚度/m	埋深/m	岩性	柱状	关键层
1	4.78	4.78	黄土		
2	1.90	6.68	细粒砂岩		
3	0.35	7.03	22上煤		
4	1.32	8.35	泥岩		
5	3.34	11.69	细粒砂岩		
6	6.47	18.16	粉砂岩		
7	0.66	18.82	22煤		
8	4.41	23.23	粉砂岩		
9	1.00	24.23	泥岩		
10	3.65	27.88	粉砂岩		
11	0.60	28.48	中粒砂岩		
12	3.85	32.33	粉砂岩		
13	0.89	33.22	细粒砂岩		
14	3.00	36.22	粉砂岩		
15	0.80	37.02	泥岩		
16	1.55	38.57	粉砂岩		
17	1.10	39.67	泥岩		
18	0.80	40.47	细粒砂岩		
19	1.72	42.19	粉砂岩		
20	1.70	43.89	细粒砂岩		
21	2.37	46.26	粉砂岩		
22	0.35	46.61	煤线		
23	0.58	47.19	粉砂岩		
24	0.18	47.37	煤线		
25	0.34	47.71	粉砂岩		
26	0.35	48.06	31煤		
27	3.55	51.61	泥岩		
28	13.43	65.04	中粒砂岩		主关键层
29	2.10	67.14	砂质泥岩		
30	1.18	68.32	细粒砂岩		
31	5.40	73.72	粉砂岩		
32	0.88	74.60	砂质泥岩		
33	8.98	83.58	粉砂岩		
34	3.00	86.58	中粒砂岩		
35	4.46	91.04	粉砂岩		
36	0.35	91.39	煤线		
37	4.43	95.82	粉砂岩		
38	1.15	96.97	砂质泥岩		
39	5.58	102.55	粉砂岩		
40	1.30	103.85	粗粒砂岩		
41	1.68	105.53	粉砂岩		
42	0.95	106.48	中粒砂岩		
43	0.44	106.92	42煤		
44	6.09	113.01	粉砂岩		
45	1.35	114.36	中粒砂岩		
46	0.57	114.93	煤线		
47	4.92	119.85	细粒砂岩		
48	4.17	124.02	粉砂岩		
49	1.50	125.52	中粒砂岩		
50	1.80	127.32	粉砂岩		
51	0.60	127.92	砂质泥岩		
52	3.84	131.76	细粒砂岩		
53	1.55	133.31	泥岩		
54	1.25	134.56	中粒砂岩		
55	0.25	134.81	煤线		
56	0.24	135.05	细粒砂岩		
57	3.75	138.80	粉砂岩		
58	0.15	138.95	44煤		
59	3.50	142.45	粉砂岩		
60	4.22	146.67	细粒砂岩		
61	0.80	147.47	砂质泥岩		
62	27.64	175.11	中粒砂岩		亚关键层
63	2.07	177.18	粉砂岩		
64	7.14	184.32	52煤		

图 4-43　52306 工作面上覆岩层柱状图

示。D1孔钻进至孔深47 m时,孔口出现数次短暂不返浆现象,但冲洗液漏失并不明显,基本处于0.06~0.07 L/(m·s);继续钻进至孔深51.5 m时,孔口不再返浆,冲洗液漏失量迅速升至0.55 L/(m·s);后续钻进过程冲洗液漏失量基本维持在0.4~0.7 L/(m·s),但从孔深56.7 m测得水位为53 m后,孔内水位基本保持不变,说明对应范围无明显裂隙发育现象;直至孔深116.5 m后,孔内水位由49.5 m开始持续快速下降,并在孔深147.5 m处基本漏至孔底。同时,在钻进至孔深172.2 m时,还曾出现3次掉钻现象,掉钻深度为0.2~0.3 m。

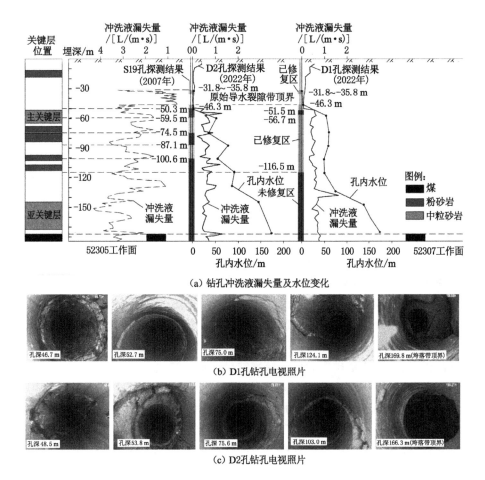

图 4-44　大柳塔煤矿52306工作面采后7.3 a覆岩垮裂状况的探测结果

D2孔自孔深50.3 m位置开始孔口返浆量明显减小,冲洗液漏失量由原先的0.02~0.03 L/(m·s)快速增至0.5 L/(m·s);钻进至孔深53.7 m时,孔口直接不返浆。顶水钻进至孔深 59.5 m 时,测得水位为 52 m;而后钻进过程中,孔口持续不返浆,孔内水位呈跳跃式下降趋势,说明对应范围出现局部无裂隙发育区和裂隙发育区交替存在现象;直至孔深 100.6 m 时,水位持续下降,并在孔深 144.1 m 时水位降至孔底。同时,在钻进至孔深 163 m 开始陆续出现 4 次掉钻现象,掉钻深度为 0.3~0.4 m。

而钻孔电视的观测结果显示,无论是 D1 孔还是 D2 孔,在孔深 46 m 左右开始陆续出现孔壁裂隙发育或破坏的痕迹(这与工作面采后当年 DS2 孔的探测结果相符),直至孔深 123 m 左右,这种裂隙发育与破坏的密集程度显著增大;但总体而言,D2 孔的孔壁破坏及裂隙发育程度要明显偏高,如图 4-44(b)、(c)所示。利用钻孔电视的观测结果,结合孔壁围岩的破坏情况,判断 D1 孔对应孔深 169.8 m 位置开始进入垮落带,对应垮落带高度为 13.8 m;D2 孔对应孔深 166.3 m 位置开始进入垮落带,对应垮落带高度为 17.3 m。

(3)采后 7.3 a 前后对比的自修复特征

与前述补连塔煤矿 12401 实验面的实测案例类似,对 52306 工作面采后 7.3 a 前后的探测结果进行了对比,发现采动垮裂覆岩同样呈现出一定的自修复特征,如图 4-44 所示。D2 孔与原先的 DS2 孔位置较为接近,对比两孔钻进过程的冲洗液漏失量变化曲线可见,孔深 31.8~50.3 m 曾发生冲洗液显著漏失区段已实现自修复。而对于下部钻进区段,虽然 D2 孔始终保持孔口不返浆现象,但孔内水位在孔深 59.5~100.6 m 范围呈现明显跳跃波动现象;根据水位回升或下降的区段分布,可判断在孔深 59.5~74.5 m 和 87.1~100.6 m 区段导水裂隙已实现自修复,而其余区段裂隙尚处于发育导水状态。类似地,将 D2 孔的探测结果也和 DS2 孔对比后可判断,孔深 31.8~51.5 m 区段已实现自修复,孔深 56.7~116.5 m 区段孔内水位基本保持不变,表明也已发生自修复。由此可见,工作面倾向中部 D1 孔对应区域覆岩的自修复效果均明显优于开采边界附近,这与补连塔矿实验面的探测结果存在一定差异。

4.7.1.3 两矿探测结果对比分析

根据两矿实验面前后两次的探测结果,对两者采动覆岩的自修复特征进行了统计,详见表 4-10。计算得到了覆岩已发生自修复区段长度占导水裂隙带高度的比值,即导水裂隙的自修复率。由统计结果可见,由于补连塔煤矿实验面采后自修复年限明显偏长(是大柳塔煤矿实验面的 2 倍多),因而其覆岩自修复效果明显偏优。这不仅体现在已发生自修复的区段长度上,而且自修复区段的整体连续性也相对偏好。补连塔煤矿实验面覆岩整体自修复率已超过 50%,而大柳塔煤矿实验面覆岩仅在中部压实区自修复率接近 50%,在开采边界附近对应覆岩自修复率仅为 25.8%,且出现多处间断修复的离散分布现象。对比两矿实验面在发生自修复区段的岩层赋存情况可见(图 4-40、图 4-43),12401 工作面覆岩发生自修复区段对应埋深明显偏大(表 4-10),且其浅部主要以松散砾石层赋存为主,直至埋深 125 m 以下区段,才呈现砂泥互层的赋存特征;而对于 52306 工作面,不仅其自修复区段对应埋深偏小,且覆岩整体均呈现砂泥互层的赋存状态,相比前者而言,其岩层岩性分布明显偏硬;这或许也是引起其自修复效果明显欠缺的另一因素(除修复时间外)。

表 4-10　两矿实验面探测得到的覆岩自修复特征统计表

补连塔煤矿 12401 实验面					大柳塔煤矿 52306 实验面				
自修复地质条件		自修复特征			自修复地质条件		自修复特征		
		探测钻孔	D1	D2			探测钻孔	D1	D2
修复年限/a	15	修复区段长度/m	83.15	92.45	修复年限/a	7.3	修复区段长度/m	62.05	33.75
采高/m	4.3	自修复率/%	53.5	59.5	采高/m	6.6	自修复率/%	47.5	25.8
埋深/m	242	连续未修复区段/m	67.6	62.9	埋深/m	177	连续未修复区段/m	62.3	76.4
关键层数	3	自修复区对应埋深/m	−86.7～−174.4	−86.7～−179.1	关键层数	2	自修复区对应埋深/m	−46.3～−116.5	−46.3～−100.6

另外,两矿在覆岩不同区域自修复差异上也呈现明显不同。补连塔煤矿实验面开采边界附近覆岩自修复效果明显好于工作面中部覆岩,而大柳塔煤矿实验面的探测情况恰恰相反。这必然与两矿井所处的不同地质开采条件密切相关,后节将会讨论分析。

4.7.2　采动裂隙岩体自修复规律

4.7.2.1　裂隙岩体自修复特征

综合上述两矿的探测结果,并结合 4.1 节的工程案例,可对采动裂隙岩体的自修复特征进行总结。主要呈现 3 方面特征:

第一,采动覆岩中发生自修复的区域呈现离散的非连续性分布。这种离散性在开采边界或采空区煤柱区域附近对应覆岩中较易出现,且自修复时间越短,离散性越明显。这在大柳塔煤矿和万利一矿的案例中都得到了体现。万利一矿 42112 工作面采后 8 a 在距离开采边界 35 m 和 25 m 处分别施工了 T2-1 和 T2-2 钻孔,开采边界附近 T2-2 钻孔探测得到的覆岩自修复区域分布的离散性更明显。

第二,采动覆岩中已修复与未修复区域的交界位置一般对应于关键层或厚硬岩层位置,尤其是这类岩层底界面位置。补连塔煤矿实验面 D1、D2 孔分别在孔深 174.4 m 和 179.1 m 出现未修复区的位置正好处于覆岩主关键层底界面附近。而对于大柳塔煤矿实验面,图 4-44 左侧标明了覆岩关键层及厚度 5 m 以上的砂岩层位,无论是 D1 孔还是 D2 孔,已修复与未修复交界位置均处于关键层或厚硬砂岩位置。万利一矿的探测案例也存在类似的现象。这种现象主要与关键层或厚硬岩层采动破断产生的导水裂隙发育开度偏大有关,尤其在其底界面还易有显著的离层裂隙发育,导致自修复难度相比其他区域裂隙偏高。

第三,裂隙岩体所处的层位越低,其发生自修复的难度越大,尤其在埋深较浅条件下。相关实测案例显示,发生自修复的裂隙岩体一般处于导水裂隙带的中上部区域,处于导水裂隙带中下部及垮落带岩体均未能实现有效自修复。这与中下部裂隙岩体堆积不规则、裂隙或自由孔洞十分发育密切相关,钻孔电视的探测结果就能说明这一问题。在进入探测钻孔中下段时,围岩破坏程度明显偏高,裂隙发育宏观开度甚至超过厘米级别。

4.7.2.2 裂隙岩体自修复程度的影响因素

根据采动裂隙岩体的自修复机理,其主要与采动应力的压实以及裂隙岩体、地下水、采空区气体这三者的水-岩或水-气-岩相互作用密切相关[7-10]。由此可对影响采动裂隙岩体自修复程度的因素进行归类分析。影响因素大体可分为 5 类:修复时间、岩层赋存、水文特征、开采参数及裂隙岩体所处覆岩的区域位置。

修复时间是采动覆岩在应力压实作用下是否能实现稳沉[14]的主要影响因素,影响水-岩或水-气-岩相互作用产生的溶解、溶蚀,以及离子交换生成衍生物的物理化学过程;显然,修复时间越长,所达到的自修复效果越好。补连塔煤矿实验面采后自修复时长约为大柳塔煤矿实验面的 2 倍,因而获得了相对更好的自修复效果。当然,当修复时间超过采空区覆岩稳沉的临界时间后,应力压实作用起到的自修复效果将开始衰减,由此可能导致自修复效果的增长速率放缓。

岩层赋存因素主要包括埋深、覆岩关键层或厚硬岩层特征(数量、位置、厚度、力学强度等)、岩层岩性等方面。其中,埋深直接影响裂隙岩体受压实的载荷大小,埋深越大,覆岩受压效果越好(尤其是采区中部),裂隙岩体自修复难度相应降低。当然,埋深变大也会使得采空区覆岩整体稳沉的临界时间加长,一定程度制约自修复进程,但神东矿区多数为浅埋煤层开采条件,因而这种制约作用表现并不突出。覆岩关键层或厚硬岩层赋存特征主要影响开采边界附近覆岩对应关键层或厚硬岩层位置附近裂隙的自修复;这类岩层的厚度越小、破断距与下部相邻岩层差异越小,越有利于裂隙的自修复。而对于岩层岩性,松散性或泥质类岩层赋存越多,对应覆岩整体越软,裂隙岩体越易在应力压实作用下发生蠕变而压密裂隙;补连塔煤矿 12401 实验面覆岩浅部大量赋存的砾石层即为其裂隙自修复创造了良好的条件。同时,泥质类岩石中富含的亲水矿物遇水膨胀作用也会进一步提高裂隙修复效果[15]。

　　水文特征主要涉及采后覆岩导水裂隙沟通地下水的赋存情况及其水质特征。地下水的水质特征直接影响水-岩或水-气-岩相互作用引起的自修复效果。根据相关研究[8-9],偏碱性地下水有利于泥质类裂隙岩层的自修复,而偏酸性地下水则有利于砂岩类裂隙岩层的自修复。神东矿区地下水多属于偏碱性条件,因而有利于泥质类裂隙岩层的自修复。另外,若采后导水裂隙沟通多层含水层,则这些含水层的赋水是否存在能相互发生化学沉淀反应的离子成分,也是影响自修复效果的重要方面。当这些不同层位、不同水质的地下水在导水裂隙中交汇混流时,产生的化学沉淀将有助于促进裂隙的修复进程,实现良好的修复效果[16]。

　　开采参数因素主要是煤层采高,这不仅关系到导水裂隙带最终的发育范围,也影响到裂隙发育后的宏观开度或其导水性,这种影响主要发生在开采边界附近覆岩中(该区域导水裂隙处于张开状态,而采区中部裂隙趋于闭合)[17],对采区中部覆岩影响并不明显。显然,煤层采高越大,对应开采边界附近覆岩导水裂隙的宏观开度也就越大,从而提高裂隙自修复的难度。

　　裂隙岩体所处覆岩的区域位置主要影响采后导水裂隙和自由孔隙的原始发育状态。处于开采边界或遗留煤柱附近对应覆岩,裂隙发育显著,宏观开度大、孔隙分布多[17];而处于采区中部的压实区,裂隙相对闭合。相当于在这 2 种不同的区域,裂隙岩体要实现自修复的初始条件显著不同,前者初始条件明显偏差,造成其后期实现自修复的难度高、效果偏差。大柳塔煤矿实验面虽然历经的修复时间偏短,但在 D1 孔对应的工作面中部区,其覆岩仍获得了自修复率接近50%的良好效果,且与补连塔煤矿实验面在修复时长是其 2 倍条件下的效果接近,进一步说明了中部压实区优越的自修复条件。

4.7.3　采后覆岩裂隙自修复过程的演变

4.7.3.1　自修复过程的演变描述

　　当工作面回采完毕形成采空区后,采动覆岩中将长期同时发生 2 种作用过程,并对裂隙岩体产生降渗自修复作用。其一是覆岩残余沉降直至逐步实现稳沉的过程;采动岩体中的裂隙、孔隙等自由空间在应力压实作用下趋于闭合,甚至消失。其二是流失地下水在导水裂隙中流动时产生的水-岩或水-气-岩相互作用;裂隙面岩石发生溶解、溶蚀,一方面产生的矿物离子与地下水或 CO_3^{2-} 等阴离子发生离子交换反应并生成沉淀物或次生矿物充填封堵裂隙,另一方面发生反应后的裂隙面裂隙面粗糙度会下降,促使裂隙贴合更紧密。相比而言,前者作用对裂隙岩体的降渗速度更快些;而后者由于需要水对岩石产生的溶解、溶蚀作用达到一定程度后,才能显现出对裂隙岩体的降渗修复效果,因而在煤层开采后,首先以覆岩残余沉降作用为主导影响裂隙岩体的自修复,且这种作用在采区中部覆岩中体现得更为显著;当采后年限达到覆岩整体稳沉临界时间后(《煤矿安全规程》中确定约为采深的 2.5 倍,单位为 d;神东浅埋条件为 474.5~730 d),将由水-岩或水-气-岩相互作用占据主导影响自修复进程,且受采区水文地质条件的影响,覆岩不同区域裂隙岩体受水-岩或水-气-岩相互作用的影响也会明显不同。

如图 4-45 所示,煤层开采后,处于开采区域正上方对应导水裂隙沟通的含水层内静态储水基本已疏放殆尽,开采边界附近裂隙岩体主要接受侧向补给地下水的渗流,而采区中部覆岩中仅在导水裂隙沟通第四系松散层条件下才能接受降雨的补给渗流,否则仅能依靠越层渗流作用接受上部弯曲下沉带含水层水体补给。可见,开采边界附近裂隙岩体中发生的水-岩或水-气-岩相互作用相对更显著。也正因为此,才出现了补连塔煤矿实验面开采边界附近覆岩的自修复效果要好于中部区域覆岩的现象。该实验面探测区处于整个四盘区采空区的开采边界处,开采边界覆岩能接受地下水侧向补给的渗流作用;而大柳塔煤矿实验面之所以未出现与其类似的自修复探测结果,主要是由于该实验面处于整个三盘区采空区中部,工作面开采边界覆岩已无法接受基岩地下水侧向补给的渗流作用,因而在其中产生的水-岩或水-气-岩相互作用与工作面中部覆岩类似,并无显著优势。

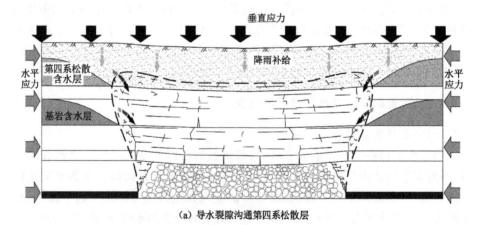

(a) 导水裂隙沟通第四系松散层

图 4-45 不同条件下采动覆岩自修复过程差异

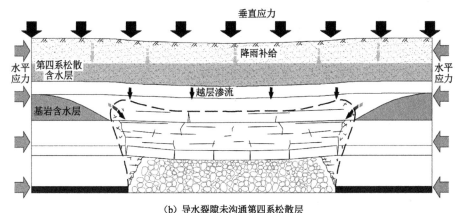

（b）导水裂隙未沟通第四系松散层

图 4-45（续）

　　综上分析可知,对于整个采区中部的裂隙岩体而言,是以应力压实和水-岩或水-气-岩相互作用共同影响自修复效果;而对于采区边界附近裂隙岩体而言,是以水-岩或水-气-岩相互作用为主影响自修复效果。

4.7.3.2　讨论

　　（1）对于神东矿区开采条件而言,多数开采区域覆岩导水裂隙已直接沟通第四系松散层[19-20];且随着多年来开采面积的不断扩大,以及周边邻近矿井开采活动的影响,基岩含水层的地下水侧向补给作用已越趋微弱;从这个角度看,神东矿区采动覆岩长期接受降雨补给而产生水-岩或水-气-岩相互作用,由此引起的裂隙岩体自修复效果将直接受季节降雨影响。近年来神东矿区雨水充沛,这给裂隙岩体的自修复提供了优越条件。

　　（2）神东矿区普遍采用双巷采掘布置模式,采空区遗留有大量的走向区段煤柱（一般为 20 m 宽）,这些煤柱的存在也会影响煤柱区域及其附近对应上覆裂隙岩体的自修复效果。由于煤层开采普遍偏浅,这些区段煤柱往往能保持长期承载稳定,因而其附近岩体中的裂隙或孔隙的宏观尺寸相对偏大,实现自修复的难度大、效果差。由此出现了大柳塔煤矿实验面在煤柱边界附近覆岩中自修复区域离散分布的现象。所以,可对整个采区不同区域裂隙岩体发生自修复的难度（或效果）由易到难（或由好到差）进行排序:采区中部无煤柱区或煤柱已发生塑性失稳区→采区边界附近→采区中部尚存在弹性支撑能力的煤柱区及其附近。

　　（3）神东矿区普遍属于煤层群开采条件,下煤层的接续开采必然会对上煤层采空区已有的自修复状态产生破坏。因此,判断某一采区裂隙岩体的自修复状况应根据最下部已采煤层的开采年限及其开采地质条件进行分析。由于本次探测涉及的案例相对偏少,尚不足以从中得出神东矿区采动覆岩自修复的临界条件,后续将选取更多典型工作面开展进一步的探测和分析研究。

4.7.4 神东矿区垮裂岩体自修复的判别方法

根据上述神东矿区垮裂岩体发生自修复的演变过程,可对覆岩不同区域垮裂岩体是否发生自修复进行判别。

首先,进行某一采区或工作面开采年限、开采参数及其水文地质勘察资料的收集,包括煤层采高、地质柱状、含水层赋存、煤层埋深等信息。在此基础上,对采区不同位置地质柱状的关键层位置进行判别,获得覆岩中关键层数量、层位及破断步距等参数。其次,确定采区不同区域采动覆岩导水裂隙的发育高度,可基于关键层位置采用相关理论判别方法进行计算,也可利用采区曾实施的导水裂隙发育的实测结果进行分析。由此,根据覆岩柱状确定导水裂隙带范围内含水层、关键层及泥质类软岩的赋存情况,包括相关含水层赋水的水质特征(离子成分、pH 值等),关键层厚度、数量及相邻关键层的破断步距差异,泥质类软岩的厚度、位置等。依据上述基础信息,结合采区采煤完成的具体年限,进行垮裂岩体自修复的判别。鉴于采区中部和开采边界附近对应覆岩的自修复状况存在较大差异,因此对它们分别进行了判断。

(1) 采区中部区对应覆岩

若采煤年限已超出 $5\sim7$ a,则在导水裂隙带内中上部范围的裂隙岩体基本已实现自修复,但若该范围内存在关键层,则在关键层厚度范围内可能存在局部未修复现象。此时可根据煤层埋深情况做进一步判断,若煤层埋深超过 300 m,则相应区域已实现自修复,否则仍存在局部未修复现象。

若采煤年限低于 $5\sim7$ a,则导水裂隙带范围垮裂岩体尚未实现自修复。

(2) 采区边界或尚存在弹性承载能力的煤柱边界附近对应覆岩

若采煤年限已超过 $12\sim15$ a,则导水裂隙带内中上部范围的裂隙岩体已实现自修复。

若采煤年限介于 $5\sim7$ a 和 $12\sim15$ a 之间,则需根据导水裂隙带范围内含水层的赋存情况进行判断。若导水裂隙带内存在多层含水层,且这些含水层赋水存在能相互发生化学沉淀反应的离子成分(如某层含水层赋水含有较多 Ca^{2+},另一含水层赋水含有较多的 CO_3^{2-} 或 HCO_3^-,且它们的浓度满足生成 $CaCO_3$ 沉淀的溶度积常数),那么导水裂隙带内将存在能实现自修复的裂隙岩体,且对应区域处于下位含水层底界面附近关键层以上范围。而若导水裂隙带范围内无多个含水层或含水层间不存在可相互产生化学沉淀的离子成分,那么导水裂隙带中上部范围的对应泥质类岩层的采动裂隙可实现自修复,但其中关键层位置对应区域尚不能修复。

若采煤年限低于 5~7 a,则导水裂隙带范围垮裂岩体尚未实现自修复。

4.8 本章小结

（1）我国煤矿多个工程案例与现场实测已发现,采煤引起的覆岩导水裂隙在其产生后的长期演变过程中,普遍出现水渗流能力逐步下降甚至消失的自修复现象,由此降低区域水资源的漏失量,促进地下水位的逐步回升。此类自修复现象的发生与采动漏失地下水在岩体裂隙中流动时发生的水-岩相互作用密切相关。

（2）采动破坏岩石受地下水的溶解和溶蚀等作用将发生元素的迁移与富集,导致原岩结构被破坏而发生泥化、软化,并生成次级矿物及新的结晶沉淀物;由此,在采动地层应力的压实和水平挤压作用下,受软化的破坏原岩发生流塑变形并压密采动裂隙;生成的次级矿物和结晶沉淀物则直接充填、封堵采动裂隙、孔隙等缺陷。另外,当采动导水裂隙沟通覆岩多层含水层时,由于不同含水层地下水化学特性的差异,地下水的交汇混流也常易生成一些化学沉淀,从而随水迁移而逐步吸附、沉积于裂隙通道中。长时间的累积作用后,采动覆岩一定范围内的裂隙将发生弥合与尖灭,最终恢复原岩的隔水性能,阻止区域水源的漏失。

（3）开展了砂质泥岩压剪裂隙岩样分别在酸性和碱性水溶液条件下的水-CO_2-岩相互作用实验（为期近 8 个月）,得到了裂隙岩样实验过程中水渗流能力逐步降低的现象和规律。利用 X 射线衍射和扫描电镜测试手段,对裂隙岩样的自修复过程进行了合理解释。无论酸性或碱性水溶液条件,裂隙均具备自修复能力,但酸性水溶液条件下的自修复效果更好。裂隙自修复过程中存在渗透率“先快后慢”的分区特征;首先出现以裂隙面黏土矿物遇水膨胀作用为主引起的渗透率快速下降现象,其下降速度在碱性水条件下更快;其次随着时间的累积,裂隙面岩石矿物溶解、溶蚀形成的离子与水溶液中的阴阳离子、游离 CO_2 发生化学反应,生成高岭石等次生矿物或 $Fe(OH)_3$ 等沉淀物,这些新的物质在裂隙面逐渐吸附堆积,不断降低裂隙的导水能力。初步发现加大 CO_2 通入量会对酸性水溶液条件下砂质泥岩压剪裂隙岩样的自修复效果产生负面影响。由于实验砂质泥岩中铝硅酸盐矿物含量偏低,无法充分消耗过量的 CO_2,导致多余的 CO_2 溶于水生成的碳酸溶液对裂隙面矿物形成溶蚀作用,从而引起裂隙开度及其水渗流能力的提高,表现出对裂隙岩石自修复进程的阻滞作用。

(4) 选取神东矿区地层粗粒砂岩、细粒砂岩、砂质泥岩这 3 类典型岩性岩样,开展了张拉裂隙岩样在中性模拟地下水条件下的水-CO_2-岩相互作用实验(为期近 15 个月),同样获得了裂隙在黏土矿物遇水膨胀以及次生矿物或沉淀物充填作用下的降渗特性与自修复规律。与压剪裂隙岩样相比,张拉裂隙岩样的初始水渗透率更高、降渗过程更缓慢、降渗幅度更低,这与张拉裂隙开度偏大、所需的修复裂隙空间更多密切相关。实验过程中,砂质泥岩张拉裂隙岩样同样呈现出与压剪裂隙岩样类似的"先快后慢"分区降渗特性,但由于其黏土矿物中伊/蒙间层等遇水膨胀作用显著的矿物含量较低,导致其初期快速降渗持续时间明显偏长;而后期的降渗过程则以长石等原生铝硅酸盐矿物与 CO_2 及水溶液发生化学反应生成次生高岭石、石英等矿物以及 $CaSO_4$ 化学沉淀物对裂隙空间的充填封堵作用为主。对于粗粒砂岩和细粒砂岩的张拉裂隙岩样,由于其黏土矿物含量更低(且主要为高岭石),其降渗过程受黏土矿物的遇水膨胀作用较小,其也是以次生矿物和结晶沉淀物对裂隙的充填封堵作用为主;其降渗整体过程相对平缓,并未出现明显的快、慢区分特征。

(5) 针对采动破碎岩体,开展了含铁破碎砂质泥岩在酸性水溶液条件下的长期水岩相互作用实验(为期近 6 个月),得到了岩样水渗透率逐步降低的"自修复"过程和规律;实验前后破碎岩样的水渗透率变化幅度近 19 倍,表明酸性水对含铁破碎岩体的降渗作用显著。研究发现,其降渗过程呈现 4 个阶段的分布特征:第一,黏土矿物遇水膨胀引起的渗透率急剧下降阶段;第二,长石类原生铝硅酸盐与酸性水溶液发生离子交换产生高岭石、绢云母、石英等次生矿物而引起的渗透率波动式小幅度下降阶段;第三,铁质沉淀物生成速度加快与生成量增多引起的渗透率快速下降阶段;第四,水溶液的溶解、溶蚀与离子交换化学沉淀作用临近收尾引起的渗透率平缓下降阶段。

(6) 开展了采后不同层位地下水交汇混流产生化学沉淀对导水裂隙的修复降渗机理的实验研究。结果表明:煤层采后引起的覆岩导水裂隙时常容易沟通或破坏多层含水层,由于浅层地下水常含有较多 Ca^{2+},而基岩地下水中 CO_3^{2-}、HCO_3^- 含量偏多,两种地下水在采动覆岩中交汇混流时会产生 $CaCO_3$ 化学沉淀;沉淀物随水迁移并不断吸附于裂隙通道表面,发生包藏—共沉—固结的结垢过程,经过长时间的累积,最终形成具备一定抗蚀能力的结垢物或包结物,堵塞并修复裂隙。室内实验测试发现:这一过程引起的导水裂隙自修复降渗效果相比水-岩或水-气-岩相互作用产生的降渗效果更为稳定且快速;裂隙岩样受 2 种不同水质模拟地下水混流通过近 2 个月时间后,绝对渗透率即由 0.09 mD 降低为 0.0025 mD,且在水压为 1.5 MPa 条件下也未出现明显渗透性波动。由于这种不同地下水的交汇混流主要发生在开采边界附近的裂隙岩体中,因而覆岩不同区域导水裂隙的自修复过程及效果将出现明显差异。一般而言,工作面中部区域覆岩导水裂隙的自修复主要由降雨入渗过程引起的水-岩或水-气-岩相互作用引起,而开采边界附近覆岩导水裂隙则由不同地下水的交汇混流反应和水-岩或水-气-岩相互作用共同主导其自修复,因而后者对应产生的自修复效果要明显偏好。

(7) 基于神东矿区补连塔煤矿和大柳塔煤矿典型工作面覆岩导水裂隙自修复的工程案例,揭示了采后覆岩裂隙长期自修复过程的演变规律及其临界条件。结果表明,两矿实验面采动覆岩分别在采后 15 a 和 7.3 a 获得了较好的自修复效果,在原先导水裂隙带范围出现导水的区域已明显减少,垮落带虽仍导水,但高度也已有所降低。通过将覆岩由原先导水变为隔水的自修复区段垂向长度占导水裂隙带高度的比值作为自修复率进行统计,得到补连塔煤矿实验面在开采边界附近及倾向中部覆岩中的自修复率已分别达到 59.5% 和 53.5%,大柳塔煤矿实验面在对应区域自修复率分别为 25.8% 和 47.5%;因前者实验面采后年限更长、煤层埋深更大,其裂隙岩体自修复效果明显偏好。受覆岩纵向不同层位岩层赋存差异、横向不同区域初始垮裂程度的影响,自修复区域的分布常易呈现离散非连续性,其中间隔的未修复区一般对应于关键层或厚硬岩层位置,且采后年限越短、距开采边界越近,这种离散性越显著。采动裂隙岩体的自修复实际是多因素综合影响下的降渗演变过程,对于神东矿区开采条件,在煤层采后 1.5~2 a,是以应力压实作用引起的残余沉降为主导来影响自修复进程的,这在采区中部覆岩中体现相对显著;而后则一直以采动地下水与裂隙岩体或采空区 CO_2 等气体发生的水-岩或水-气-岩相互作用为主导来影响自修复进程,即相关作用过程产生的衍生物对裂隙的充填封堵效果以及裂隙面受冲蚀后粗糙度降低程度直接影响裂隙自修复效果或程度。因此,采后覆岩中是否长期存在水体渗流决定了裂隙岩体实现自修复的难易程度;神东多数矿井覆岩导水裂隙一般直接沟通第四系松散层或地表,且近年雨水充沛,这为采动覆岩中水-岩或水-气-岩相互作用产生及促进裂隙自修复提供了优越条件。

(8) 利用采动裂隙岩体或破碎岩体在不同化学特性水溶液条件下的水-气-岩相互作用降渗特征与规律,可开展人工改性地下水、气、岩化学特征以促进岩体裂隙修复的保水实践。通过人为调节利于铁/钙质化学沉淀或次生矿物生成的化学环境,促使相关衍生物质对导水裂隙通道进行充填和封堵,从而实现破坏岩体的降渗与地下水资源保护。本章研究仅针对部分岩性的采动破坏岩样开展了水-CO_2-岩相互作用过程中的降渗特性实验,对于其他岩性的不同破坏程度的岩样在不同水、气化学环境下的水渗透性变化特征如何,还有待进一步研究。

5 采动裂隙人工引导自修复的含水层生态恢复技术

　　覆岩导水裂隙是导致煤矿区地下水流失与地表生态退化的地质根源,科学控制采动岩体裂隙发育的程度与范围,合理限制采动裂隙的导水能力,是实现矿区地下含水层生态修复与保水采煤的重要途径[1,7,142]。目前传统做法多是通过降低采高或改变开采工艺(如充填开采)等方式来限制导水裂隙带的发育高度,从而避免含水层被破坏;然而这一对策在我国晋、陕、蒙等地区的高产高效矿区却难以适用。由于该区域煤层赋存普遍埋藏浅、厚度大、层数多,采煤引起的含水层破坏与地下水流失往往难以避免。因此,从人工干预角度采取相关措施(如注浆封堵)限制采动裂隙的导水能力、促进裂隙的修复愈合,成为采动破坏含水层生态再恢复的另一有效途径[2,30,45-49,143]。考虑到采动含水层流失水体主要沿导水裂隙主通道流动,而导水裂隙在发育后的长期演化过程中又存在水渗流能力降低的自修复能力,因此,着重对覆岩导水裂隙主通道进行人工注浆封堵或利用其自修复规律引导/促进其自修复进程,无疑是采动含水层生态恢复的重要方向。本章将重点围绕这两个方向,介绍人工引导采动裂隙自修复的含水层生态恢复技术,为煤矿区水资源保护与生态治理提供参考与借鉴。

5.1 水平定向钻孔注浆封堵覆岩导水裂隙主通道的含水层保护方法

5.1.1 高家堡煤矿注浆封堵导水裂隙的工程案例

5.1.1.1 工程背景

　　陕西正通煤业有限责任公司高家堡煤矿位于陕西彬长矿区,行政区划隶属陕西省咸阳市长武县,井田东西长约 25.7 km,南北宽约 16.6 km,面积为219.168 1 km²。矿井设计生产能力为 500 万 t/a,服务年限为 62.5 a;主采 4 煤、4-1 煤和 4⊥ 煤;采用立井开拓方式,综采放顶煤回采工艺。矿井目前主采 4 煤层,煤层厚度平均为 9.8 m,正在回采的盘区为一盘区和二盘区。

受该地区特殊的水文地质条件影响,煤系地层中普遍赋存有一层巨厚、富水的洛河组含水层,含水层厚度为 110~640 m,渗透系数为 0.055~1.083 m/d,距离开采煤层 90~110 m。据洛河组精细探查成果,从矿井防治水角度将其按"二分法"划分为上段和下段。其中,下段厚度约为 60 m(见图 5-1),渗透系数为 0.027~0.049 m/d,地下水径流条件相对滞缓,为弱富水条件;上段渗透系数为 0.920~1.552 m/d,地下水径流条件相对较好,为强富水条件。该含水层的存在对井下工作面的回采造成了严重的水害威胁。以一盘区为例,该盘区 101、102、103 工作面在限高开采的前提下(采放高度在 5 m 以内)仍出现了涌水量持续增大的现象,单面最大涌水量达 720 m³/h,三面回采结束后总涌水量仍有 800 m³/h(如图 5-2 所示),给矿井的安全高效生产和排水工作带来极大压力(二盘区开采工作面也存在类似的现象,矿井总涌水量近 2 000 m³/h)。因此,矿井决定采用地面水平定向钻孔注浆方式封堵覆岩导水裂隙通道,以期人工隔绝洛河组含水层水流失通道,减轻井下排水压力,降低顶板水害威胁。

5.1.1.2 一盘区覆岩导水裂隙带发育高度

结合一盘区各工作面巷道内施工的探放水钻孔柱状,采用"基于关键层位置的覆岩导水裂隙带高度预计方法"[7-8]对一盘区不同工作面开采区域的导水裂隙带高度发育情况进行了确定。考虑到矿井曾在 101 工作面停采线附近开展过覆岩"两带"高度的井下工程探测,所以首先以该区域运输巷道中的 GL5-1 探放钻孔为例进行导水裂隙带高度的理论判别。如图 5-3 所示的钻孔柱状图,根据工作面临近停采阶段 3.5 m 的采高,覆岩导水裂隙带发育至第 2 层亚关键层底界面,对应导水裂隙带高度为 76.2 m,与实测的 84.37~88.03 m 的导水裂隙带高度(简称导高)接近,证实了该理论判别方法的可靠性。

同理,可对 101、103、102 工作面不同开采区域的覆岩导水裂隙带高度进行判别,如图 5-4~图 5-6 所示,各工作面对应各钻孔的预计结果详见表 5-1。由表 5-1 可见,101 工作面除邻近停采阶段的 GL5-1 钻孔区域导水裂隙带未沟通上覆洛河组含水层外,其余开采区域导水裂隙带均已沟通上覆洛河组含水层;且根据图 5-1 所示的 4 煤上覆含水层分布图,部分区域已沟通富水性较强的洛河组上段(洛河组上段底界面距煤层 150~160 m,GL5-2 和 TS6-1 钻孔区域导水裂隙带均已进入洛河组上段)。相比而言,102 工作面导水裂隙带沟通洛河组含水层的区域较少,由于其覆岩关键层位置相比其他两个工作面的显著差异,其导水裂隙带仅在 102-FS1 钻孔区域沟通含水层。但需要说明的是,类似 103 工作面推进范围中部的 103-FS2、103-TC1 等钻孔区域,虽然判别的导水裂隙带未沟通含水层,但其仍存在洛河组含水层水体在较大水压条件下(6~7 MPa)通过关键层未贯通裂隙发生越层渗流现象,只是相关区域对应工作面涌水量增幅相比导水裂隙带沟通含水层区域偏小而已。

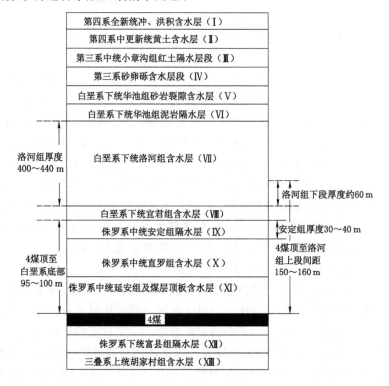

图 5-1　4 煤上覆含水层分布图

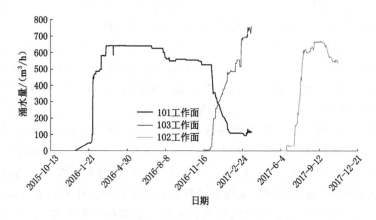

图 5-2　高家堡煤矿一盘区工作面涌水量变化曲线

层号	厚度/m	埋深/m	岩层岩性	关键层位置	岩层图例
90	54.05	54.05	松散层		
89	131.40	185.45	松散层		
88	9.90	195.35	砂砾岩		
87	34.56	229.95	粉砂岩	主关键层	
86	37.04	268.70	砂质泥岩		
85	1.75	276.21	细砂岩		
84	7.51	292.13	砂质泥岩		
83	15.92	292.13	砂质泥岩		
82	19.95	312.08	砂质泥岩		
81	1.76	313.84	泥岩		
80	25.24	339.08	砂质泥岩		
79	4.70	343.78	砂质泥岩		
78	32.83	376.61	砂质泥岩		
77	2.68	379.29	粉砂岩		
76	6.80	386.09	砂质泥岩		
75	6.48	392.57	砂质泥岩		
74	3.00	407.90	粉砂岩		
73	12.33	407.90	砂质泥岩		
72	17.60	425.50	泥岩		
71	11.00	436.50	砂质泥岩		
70	26.95	463.45	砂质泥岩		
69	4.14	467.59	细砂岩		
68	3.43	471.02	砂质泥岩		
67	7.30	478.32	细砂岩		
66	2.50	480.82	砂质泥岩		
65	5.30	486.12	粉砂岩		
64	1.65	487.77	细砂岩		
63	21.21	508.98	砂质泥岩		
62	13.19	522.17	粉砂岩		
61	2.77	524.94	细砂岩		
60	11.70	536.64	粉砂岩		
59	2.00	538.64	细砂岩		
58	4.00	542.64	砂质泥岩		
57	5.49	578.13	粉砂岩		
56	12.42	560.55	粉砂岩		
55	8.95	569.50	中砂岩		
54	4.00	573.50	砂质泥岩		
53	11.72	585.22	中砂岩		
52	19.19	604.41	细砂岩		
51	7.20	611.61	粉砂岩		
50	3.45	615.06	细砂岩		
49	7.46	622.52	中砂岩		
48	49.36	671.88	细砂岩		
47	8.00	679.88	粗砂岩		
46	41.23	721.11	中砂岩	亚关键层	
45	1.03	722.14	粉砂岩		

层号	厚度/m	埋深/m	岩层岩性	关键层位置	岩层图例
44	21.83	746.97	中砂岩	亚关键层	
43	9.48	756.45	砂砾岩		
42	1.28	757.73	细砂岩		
41	24.68	782.41	砂砾岩		
40	24.75	807.16	中砂岩	亚关键层	
39	0.50	807.66	泥岩		
38	8.32	815.98	中砂岩		
37	7.32	823.30	中砂岩		
36	8.01	831.31	中砂岩		
35	7.90	839.21	粉砂岩		
34	10.58	849.79	细砂岩	亚关键层	
33	2.20	851.99	砂质泥岩		
32	3.40	855.39	中砂岩		
31	5.00	860.39	砂质泥岩		
30	2.80	863.19	细砂岩		
29	3.80	866.99	砂质泥岩		
28	3.00	869.99	细砂岩		
27	5.10	875.09	中砂岩		
26	6.70	881.79	细砂岩		
25	2.70	884.89	砂质泥岩		
24	9.50	894.39	粉砂岩		
23	2.90	897.29	砂质泥岩		
22	3.20	900.49	中砂岩		
21	2.30	902.79	砂质泥岩		
20	3.50	906.29	砂质泥岩		
19	2.70	908.99	粗砂岩		
18	2.30	911.29	砂质泥岩		
17	8.70	919.99	砂质泥岩	亚关键层	
16	2.10	922.09	中砂岩		
15	1.40	923.49	细砂岩		
14	2.20	925.69	砂质泥岩		
13	4.50	930.19	粗砂岩		
12	2.70	932.89	砂质泥岩		
11	5.40	938.29	粗砂岩		
10	13.40	951.69	中砂岩	亚关键层	
9	1.90	953.59	砂质泥岩		
8	2.90	956.49	粗砂岩		
7	1.90	958.39	细砂岩		
6	1.80	960.19	砂质泥岩		
5	1.60	961.79	细砂岩		
4	8.30	970.09	中砂岩		
3	8.20	978.29	粗砂岩		
2	14.70	992.99	细砂岩	亚关键层	
1	3.20	996.19	砂质泥岩		
0	6.60	1 002.79	煤层		

（左侧标注：洛河组含水层；导高范围；10倍采高）

图 5-3　GL5-1 钻孔关键层位置及导高判别

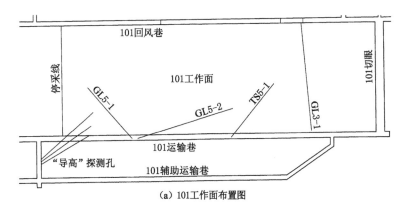

（a）101工作面布置图

图 5-4　101 工作面各区域导水裂隙带发育范围判别图

（考虑到柱状较长,仅截取顶板直至洛河组含水层的岩层柱状）

图5-4（续）

(d) GL3-1钻孔柱状图（洛河组含水层；含亚关键层、导水裂隙带范围标注）

层号	岩性	深度	厚度
36	粉砂岩	838.21	7.90
35	细砂岩	856.59	18.38
34	砂质泥岩	858.59	2.00
33	砂质泥岩	860.99	2.40
32	细砂岩	864.79	3.80
31	砂质泥岩	869.19	4.40
30	细砂岩	874.69	5.50
29	砂质泥岩	879.39	4.70
28	砂质泥岩	881.79	2.40
27	砂质泥岩	887.49	5.70
26	细砂岩	891.39	3.90
25	砂质泥岩	894.89	3.50
24	细砂岩	898.19	3.30
23	砂质泥岩	901.39	3.20
22	粉砂岩	909.09	7.70
21	细砂岩	911.59	2.50
20	细砂岩	913.99	2.40
19	砂质泥岩	919.29	5.30
18	细砂岩	921.19	1.90
17	砂质泥岩	924.39	3.20
16	细砂岩	927.89	3.50
15	砂质泥岩	930.19	2.30
14	砂质泥岩	936.39	6.20
13	细砂岩	938.79	2.40
12	砂质泥岩	940.49	1.70
11	细砂岩	943.69	3.20
10	砂质泥岩	948.59	4.90
9	细砂岩	952.39	3.80
8	砂质泥岩	955.19	2.80
7	细砂岩	958.59	3.40
6	细砂岩	961.79	3.20
5	砂质泥岩	964.49	2.70
4	中砂岩	973.19	8.70
3	砂质泥岩	976.69	3.50
2	粗砂岩	991.29	14.60
1	砂质泥岩	995.19	3.90
0	煤层	1004.69	9.50

(c) TS6-1钻孔柱状图（洛河组含水层；含亚关键层、导水裂隙带范围标注）

层号	岩性	深度	厚度
39	砂砾岩	782.41	24.68
38	中砂岩	807.16	24.75
37	泥岩	807.66	0.50
36	中砂岩	830.31	22.65
35	细砂岩	833.71	3.40
34	砂质泥岩	836.11	2.40
33	细砂岩	841.21	5.10
32	砂质泥岩	847.51	6.30
31	砂质泥岩	852.91	5.40
30	砂质泥岩	855.61	2.70
29	细砂岩	862.11	6.50
28	砂质泥岩	866.61	4.50
27	砂质泥岩	870.71	4.10
26	砂质泥岩	874.51	3.80
25	砂质泥岩	878.11	3.60
24	砂质泥岩	886.41	8.30
23	粉砂岩	889.81	3.40
22	砂质泥岩	892.11	2.30
21	砂质泥岩	896.01	3.90
20	细砂岩	898.21	2.20
19	砂质泥岩	901.81	3.60
18	砂质泥岩	905.81	4.00
17	砂质泥岩	908.51	2.70
16	砂质泥岩	915.81	7.30
15	砂质泥岩	918.51	2.70
14	砂质泥岩	925.81	7.30
13	砂质泥岩	928.51	2.70
12	砂质泥岩	932.11	3.60
11	砂质泥岩	936.21	4.10
10	砂质泥岩	940.01	3.80
9	砂质泥岩	945.01	5.00
8	中砂岩	946.41	1.40
7	砂质泥岩	950.11	3.70
6	砂质泥岩	954.91	4.80
5	细砂岩	959.71	4.80
4	中砂岩	967.01	7.30
3	砂质泥岩	970.81	3.80
2	细砂岩	990.81	20.00
1	砂质泥岩	995.01	4.20
0	煤层	1000.41	5.40

(b) GL5-2钻孔柱状图（洛河组含水层；含亚关键层、导水裂隙带范围标注）

层号	岩性	深度	厚度
41	砂砾岩	782.41	24.68
40	中砂岩	807.16	24.75
39	泥岩	807.66	0.50
38	中砂岩	830.31	22.65
37	粉砂岩	838.21	7.90
36	中砂岩	845.59	7.38
35	砂质泥岩	849.69	4.10
34	细砂岩	857.19	7.50
33	砂质泥岩	863.09	5.90
32	细砂岩	867.69	4.60
31	砂质泥岩	871.39	3.70
30	细砂岩	876.29	4.90
29	中砂岩	879.19	2.90
28	砂质泥岩	881.19	2.00
27	细砂岩	885.29	4.10
26	粗砂岩	895.09	9.80
25	砂质泥岩	898.39	3.30
24	砂质泥岩	901.29	2.90
23	砂质泥岩	902.99	1.70
22	砂质泥岩	904.59	1.60
21	砂质泥岩	907.29	2.70
20	细砂岩	908.99	1.70
19	砂质泥岩	912.29	3.30
18	细砂岩	914.79	2.50
17	砂质泥岩	918.19	3.40
16	砂质泥岩	925.19	7.00
15	细砂岩	926.79	1.60
14	砂质泥岩	928.59	1.80
13	中砂岩	932.49	3.90
12	砂质泥岩	936.79	4.30
11	中砂岩	939.79	3.00
10	砂质泥岩	943.09	3.30
9	中砂岩	944.49	1.40
8	砂质泥岩	951.39	6.90
7	中砂岩	954.59	3.20
6	细砂岩	956.39	1.80
5	砂质泥岩	959.79	3.40
4	中砂岩	970.09	10.30
3	粗砂岩	973.89	3.80
2	细砂岩	991.79	17.90
1	砂质泥岩	995.19	3.40
0	煤层	1001.29	6.10

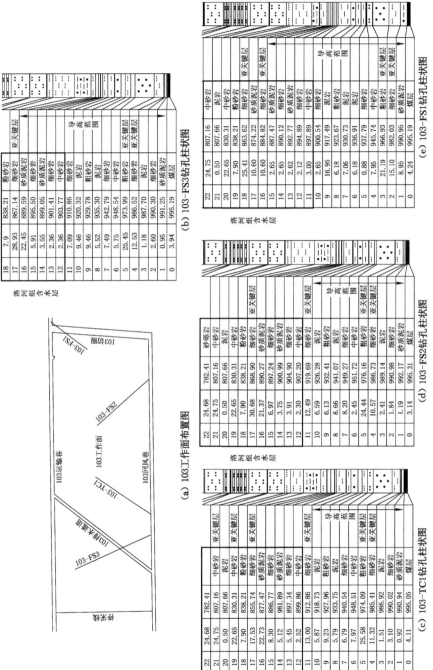

(a) 103工作面布置图

(b) 103-FS3钻孔柱状图

(c) 103-TC1钻孔柱状图

(d) 103-FS2钻孔柱状图

(e) 103-FS1钻孔柱状图

图5-5　103工作面不同钻孔区域导水裂隙带发育范围判别图

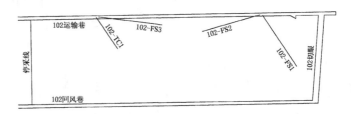

（a）102工作面布置图

洛河组含水层

41	1.02	718.96	砂质泥岩	
40	24.52	743.48	中砂岩	亚关键层
39	9.36	752.84	粗砂岩	
38	1.26	754.10	细砂岩	
37	24.54	778.64	粗砂岩	
36	24.66	803.30	中砂岩	
35	0.50	803.80	泥岩	
34	22.56	826.36	中砂岩	
33	7.86	834.22	粉砂岩	
32	30.52	864.74	细砂岩	
31	2.86	867.60	砂质泥岩	
30	1.67	869.27	中砂岩	
29	27.96	897.23	细砂岩	亚关键层
28	3.40	900.63	砂质泥岩	
27	1.96	902.59	细砂岩	
26	4.83	907.42	砂质泥岩	
25	2.26	909.68	砂砾岩	
24	1.89	911.57	细砂岩	
23	3.02	914.59	粗砂岩	
22	2.87	917.46	砂质泥岩	
21	1.13	918.59	细砂岩	
20	2.42	921.01	砂质泥岩	
19	1.13	922.14	细砂岩	导高范围
18	1.13	923.27	泥岩	
17	1.13	924.40	粗砂岩	
16	5.28	929.68	细砂岩	
15	2.26	931.94	砂质泥岩	
14	1.89	933.83	粗砂岩	
13	3.77	937.60	砂质泥岩	
12	1.89	939.49	细砂岩	
11	0.75	940.24	泥岩	
10	7.55	947.79	细砂岩	
9	0.75	948.54	泥岩	
8	1.51	950.05	粗砂岩	
7	0.75	950.80	细砂岩	
6	1.51	952.31	砂质泥岩	
5	11.70	964.01	中砂岩	
4	3.04	967.05	砂质泥岩	
3	14.19	981.24	粗砂岩	
2	7.17	988.41	细砂岩	亚关键层
1	1.28	989.69	砂质泥岩	
0	11.53	1001.22	煤层	

（b）102-FS3钻孔柱状图

洛河组含水层

29	24.54	772.38	粗砂岩	
28	24.66	797.04	中砂岩	亚关键层
27	0.50	797.54	泥岩	
26	12.14	809.68	砂砾岩	
25	22.56	832.24	中砂岩	
24	7.86	840.10	粉砂岩	
23	30.52	870.62	细砂岩	亚关键层
22	2.86	873.48	砂质泥岩	
21	1.67	875.15	中砂岩	
20	2.29	877.44	砂质泥岩	
19	13.36	890.80	砂质泥岩	
18	6.87	897.67	砂质泥岩	
17	3.70	901.37	砂质泥岩	
16	3.87	905.24	细砂岩	
15	3.70	908.94	砂质泥岩	
14	1.89	910.83	砂砾岩	
13	15.47	926.30	细砂岩	亚关键层
12	1.06	927.36	细砂岩	导高范围
11	8.98	936.34	砂质泥岩	
10	4.68	941.03	砂质泥岩	
9	3.02	944.04	细砂岩	
8	2.64	946.68	细砂岩	
7	2.26	948.94	细砂岩	
6	3.40	952.34	细砂岩	
5	5.28	957.62	粗砂岩	
4	6.79	964.41	中砂岩	
3	18.11	982.52	粗砂岩	亚关键层
2	5.66	988.18	细砂岩	
1	1.87	990.05	砂质泥岩	
0	11.53	1001.58	煤层	

（c）102-FS2钻孔柱状图

图 5-6 102 工作面不同钻孔区域导水裂隙带发育范围判别图

表 5-1　一盘区 3 个工作面不同钻孔区域覆岩导高判别表

工作面	钻孔	煤层采厚/m	导高值/m	是否沟通洛河组含水层
101	GL5-1	3.5	76.20	否
	GL5-2	3.5	164.90	是
	TS6-1	6.0	164.90	是
	GL3-1	6.0～8.0	138.60	是
103	103-FS1	5.0～6.0	106.10	是
	103-FS2	4.0	72.50	否
	103-TC1	5.0	78.10	否
	103-FS3	4.3	124.10	是
102	102-FS1	4.5	125.40	是
	102-FS2	4.5～5.5	63.75	否
	102-TC1	4.5～5.5	86.01	否
	102-FS3	3.5	92.40	否
	102-FS4	4.5～5.7	88.80	否

　　依据上述一盘区的各钻孔柱状的导高判别结果,以导高值为 Z 轴,钻孔位置坐标为 X、Y 轴,利用绘图软件 Sufer 同时绘制出了一盘区导高分布的三维立体图,如图 5-7 所示。由此可见,正是由于该盘区大部分区域覆岩导水裂隙带均沟通了上覆洛河组含水层(局部区域已沟通富水性较强的洛河组上段),才造成了工作面涌水量较大的现象,合理隔绝含水层与采空区间的导水流动通道,对于矿井的水害防治、地下含水层生态保护尤为重要。

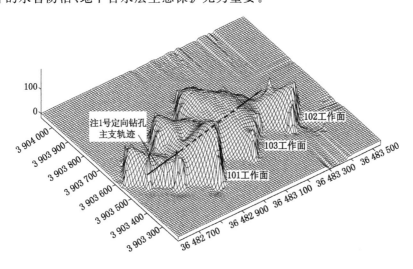

图 5-7　一盘区不同开采区域导水裂隙带高度的三维空间分布图

5.1.1.3 注浆堵水工程概况

为了对一盘区覆岩中沟通洛河组含水层的导水裂隙进行注浆封堵,矿井设计采用了地面水平定向钻孔注浆封堵方式,水平定向钻孔的钻进轨迹设计及其施工轨迹如图 5-8 所示[144]。水平定向钻孔设计采用同一垂直段和造斜段,到达目标层位后分散施工水平段,钻孔水平段包括主支 1 条以及左右各 5 条分支,各水平分支的平面间距为 40~60 m。具体实施时,首先实施主支钻孔的钻进,并采取"边钻进边堵漏"的方式进行:在钻进遇到冲洗液失返时(说明钻孔已揭露导水裂隙),随即停止钻进并实施注浆封堵;待封堵完毕后,再继续进行钻孔钻进。

实际施工时,曾先后尝试使用了多种封堵材料(水泥、水玻璃、核桃壳、棉籽壳、黄土、锯末等)进行注浆,但由于岩层采动裂隙导流能力大、含水层动水冲刷力度强等因素,导致注浆封堵困难,注浆过程中时常发生裂隙无法有效封堵(注浆材料漏至井下采空区)或钻孔直接受注浆材料堵塞的现象,尤其是在钻孔进入图 5-8(b)所示的导水裂隙带轮廓范围内时,这一现象更为严重,大大制约了裂隙导水通道的封堵效果。具体地,当使用水泥、粉煤灰、黄泥等细小粒径材料进行注浆封堵时,注浆材料往往难以在裂隙区域停留,甚至直接漏至采空区;而当使用核桃壳、棉籽等相对较大粒径的材料进行注浆时,相关材料又往往难以泵送至裂隙区域,而直接在钻孔中堆积形成拥堵。最终,现场被迫进行了钻孔钻进层位的调整,累计实施 2 个钻孔 4 个层位的钻进,如图 5-8(b)所示。其中,注 1 孔垂直段深 630 m,共实施 3 个层位的水平段(注 1-1、注 1-2、注 1-3)。注 1-1 孔位于洛河组底界面以上 8 m 左右,距离煤层顶板 107 m 左右;注 1-2 孔位于洛河组底界面以上 25 m 左右,距离煤层顶板 125 m 左右;注 1-3 孔最高点距离煤层161.0 m 左右,位于洛河组上段底界面以下 7.0 m 左右、洛河组下段底界面以上63 m 左右。注 2 孔为重新钻进的钻孔(较注 1 孔开孔位置平移了 6 m),钻孔垂直段深度为 580 m,水平段距离煤层 203 m 左右,位于洛河组上段底界面以上37 m 左右。现场实践发现,虽然采取了上述钻孔层位调整措施,但注浆堵漏依然十分困难,最终注 2 孔仅钻进至接近 102、103 工作面毗邻处即被迫暂停堵水工程。

根据表 5-1 所示不同区域导水裂隙带高度的判别结果,可以对 2 个钻孔 4个水平层位所处的区域进行判断,如图 5-8(b)所示。其中,注 1-1 孔和注 1-2 孔的钻进层位均处于覆岩导水裂隙带范围,而注 1-3 孔和注 2 孔则处于导水裂隙带范围以外。由此可见,无论钻孔在导水裂隙带范围内钻进,还是在导水裂隙带以上的弯曲下沉带(离层发育区)钻进,均易出现堵漏困难的现象。显然,这一问题的发生与钻孔钻进过程中揭露的岩层导水裂隙发育特征(如裂隙开度等)及其

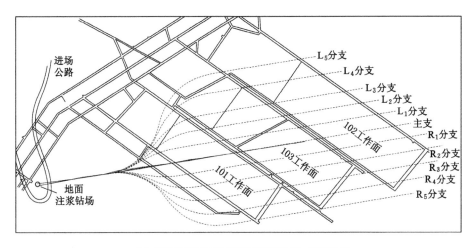

（a）钻孔布置平面图（虚线为设计轨迹，尚未施工）

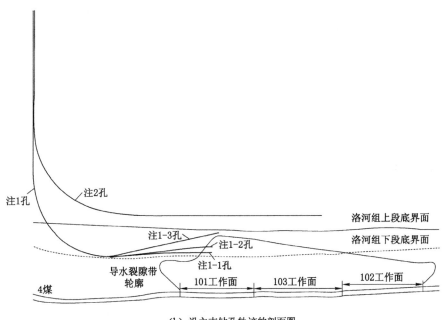

（b）沿主支钻孔轨迹的剖面图

图 5-8 水平定向钻孔布置平剖面图

导浆能力密切相关，在现有工程施工条件与注浆材料类型相对确定的情况下，利于注浆材料在导水裂隙中停留的钻孔钻进轨迹及层位的确定是解决上述难题的关键。为此，后文将重点针对水平定向钻孔钻进过程中揭露的不同类型导水裂隙对浆体的导浆特征及其合理钻进层位等问题进行研究,从而为水平定向钻孔注浆封堵覆岩导水裂隙的保水方法的形成奠定理论基础。

5.1.2 水平定向钻孔注浆封堵导水裂隙的合理层位

由前述第 2 章节的研究可知,覆岩不同层位、不同区域(开采边界或采区中部)岩层破断运移规律的不同,将产生不同发育特征的导水裂隙;而由于水平定向钻孔是按照固定的轨迹或层位水平钻进的,其在覆岩不同层位钻进时揭露的导水裂隙类型先后次序及其导浆特征也会有所不同,最终影响到浆体对裂隙的封堵效果。为了掌握不同层位定向钻孔钻进揭露的导水裂隙发育特征及其导浆规律,采用实验室相似材料模拟实验开展了研究。

基于高家堡煤矿一盘区的岩层赋存条件对实验模型进行简化设置,利用2.5 m 长的物理模拟模型架建立如图 5-9 所示的实验模型。模型长为 1.2 m、高为 1 m、宽为 0.2 m;为了模拟水平定向钻孔的钻进,并直观展现钻孔揭露的裂隙形态,仅利用模型架的一半进行实验,另一半的空间留作侧面实施模拟钻孔钻进,并利用钻孔窥视仪进行孔内揭露裂隙的实地拍摄。模拟实验的几何相似比为 1∶100,应力相似比为 1∶125,容重相似比为 1∶1.25,各岩层的相似材料相关物理力学参数参照表 2-1 设置形成表 5-2 所示的配比参数。模型开挖时两侧边界各留设 5 cm 的保护煤柱。

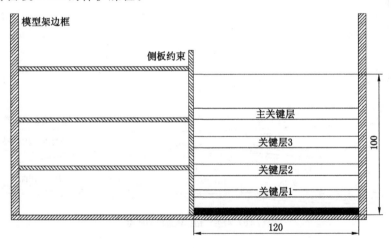

(a) 模型设计图

图 5-9 物理模拟模型

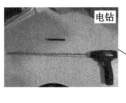

(b) 实物照片

图 5-9(续)

表 5-2 模型材料配比表

岩层设置	岩层厚度/cm	配比号	$m_{砂子}$/kg	$m_{碳酸钙}$/kg	$m_{石膏}$/kg	备注
软岩	24	437	69.2	12.10	5.20	分24层,每层2 cm
主关键层	8	337	21.6	2.16	5.04	
软岩	12	473	34.6	6.05	2.60	分6层,每层2 cm
关键层3	8	437	23.04	1.73	4.03	
软岩	12	437	34.6	2.60	6.05	分6层,每层2 cm
软岩	10	473	28.8	5.04	2.16	分5层,每层2 cm
关键层1	5	437	14.4	1.08	2.52	
软岩	8	473	23.04	4.02	1.73	分4层,每层2 cm
煤层	5	773	15.8	1.58	0.675	

5.1.2.1 水平定向钻孔钻进揭露的导水裂隙类型

根据模拟实验结果并结合 3.1 节的研究结果发现:水平定向钻孔在由外侧原岩区向采动影响区水平钻进时,在其钻进沿线(或轨迹)上将主要揭露如图 5-10(a)所示的 5 种类型的导水裂隙;几类主要裂隙在钻孔中呈现的形态如图 5-10(b)所示。由图 5-10 可见,钻孔揭露不同类型裂隙时将会因其不同的裂隙开度而在孔内出现不同尺度的"空洞",从而影响注入浆体在其中的流动特性及封堵效果。对于开采边界附近因超前支承压力而出现的压剪裂隙,因其裂隙开度小、贯通性差,故浆体在其中具有较好的滞留效果,但注入大颗粒浆体时(粒径超过裂隙开度),易引起堵孔现象;对于岩层破断回转引起的"V"形上端张拉裂隙,由于裂隙空间延展度长、开度大、导流性强,因而注入浆体在其中的流动扩散性强,封堵难度相对偏大;而在相邻岩层间产生的层间离层裂隙,其在平面上的延展范围较广,但在垂向上的孔隙量相对张拉裂隙开度而言偏小;对于岩层破断回转引起的倒"V"形下端张拉裂隙,除了具有与上端张拉裂隙类似的发育形态外,还因其常与层间离层裂隙沟通,注入浆体更不易滞留,封堵难度更大;对于岩层双向破断回转稳定后的贴合裂隙,其裂隙开度相比张拉裂隙明显偏小,但它常与层间离层裂隙沟通,封堵难度较压剪裂隙偏大。可见,钻孔揭露的不同类型裂隙在孔内呈现的"空洞"量明显影响注浆封堵的难度,研究不同位置钻孔钻进时揭露的裂隙开度(或孔隙量)十分必要。

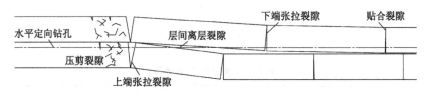

(a) 钻孔揭露导水裂隙

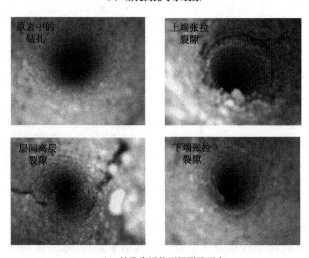

(b) 钻孔窥视的不同裂隙形态

图 5-10 水平定向钻孔钻进揭露的导水裂隙类型

5.1.2.2 不同层位定向钻孔钻进沿线揭露的裂隙开度分布特征

模型开挖后覆岩破断垮落及裂隙发育情况如图 5-11(a)所示,由图可见覆岩导水裂隙带发育至上覆第 3 层关键层底界面,对应导高为 43 m。为了探究不同层位钻进定向钻孔钻进时揭露的裂隙开度分布特征,对覆岩裂隙分布进行了素描,并设定了如图 5-11(b) 所示的 8 条水平测线。8 条测线距离模型底界高度分别为 25 cm、29 cm、30 cm、33 cm、40 cm、45 cm、50 cm、53 cm。其中,L_1、L_2 测线位于关键层 3 内部、导水裂隙带范围之外,其余测线均位于导水裂隙带范围以内,且除了 L_6、L_7 测线处于单一岩层中外,其他测线均处于"穿层"状态。

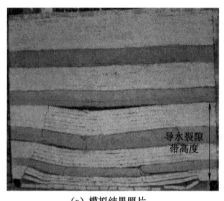

(a) 模拟结果照片

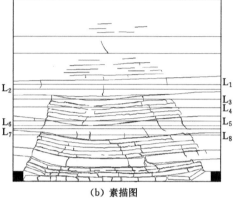

(b) 素描图

图 5-11　覆岩裂隙分布及监测层位图

测线布置后,由模型左侧向右分别对各条测线上相交的裂隙开度进行测量,每条测线上的裂隙开度分布如图 5-12 所示。为了便于标定和区别,分别对本岩层和上下岩层的不同类型裂隙进行了编号标识。A 表示本层岩层破断裂隙,包括 3 种类型的裂隙:A_1 为本层岩层采区边界的上端张拉裂隙,A_2 为本层岩层边界的下端张拉裂隙,A_3 为本层岩层采区中部的贴合裂隙;B、C 分别表示上部邻近岩层和下部邻近岩层的破断裂隙,同理也分为 3 种类型 B_1、B_2、B_3 和 C_1、C_2、C_3,分别代表上端张拉裂隙、下端张拉裂隙及贴合裂隙;D 表示层间离层裂隙。

通过对比 8 条测线上采动裂隙的开度分布情况可以发现:随着监测层位的升高,采动裂隙数量呈现增多趋势,且裂隙开度也随之变小。L_1、L_2 测线分别位于第 3 层关键层内部、导水裂隙带以上,仅出现了 3 个破断裂隙,且开度较小;而在其下部的其余 6 条测线上的采动裂隙数量明显增多,且裂隙开度也较 L_2 与 L_1 测线上的裂隙大。处于导水裂隙带以内(即第 3 层关键层下方)的软岩,在开采范围中部多为离层裂隙,而边界多为破断裂隙。测线揭露的裂隙多为破断裂隙,仅当测线处于"穿层"状态时才会揭露层间离层,但测线上反映的离层裂隙的开度(或空洞量)往往较破断裂隙大。如 L_3 测线揭露的关键层 3 下部的离层裂隙,其在测线上反映的空洞量达到了 180.72 mm,这意味着若在此层位钻进定

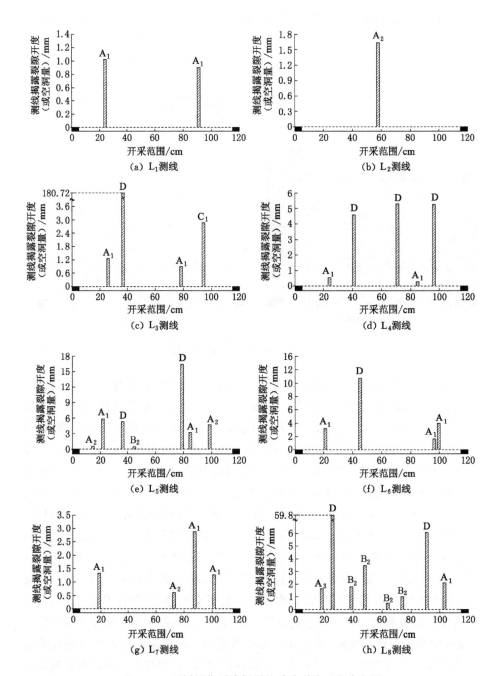

图 5-12　不同层位测线揭露的采动裂隙开度分布图

向钻孔,则钻孔需要在离层空间中钻进 18 m 左右才会进入岩石中,也意味着需对这部分空洞实施注浆封堵后才能避免钻孔冲洗液的失返,表面钻孔注浆封堵难度明显增高。同样地,测线在采区边界处揭露上端张拉裂隙时,其对应裂隙开度也明显偏高;如 L_5 测线在右侧采区边界揭露的上端张拉裂隙的开度达到了 6 mm,相当于实际钻孔钻进将揭露 0.6 m 的空洞宽度(L_8 测线上距左侧开采边界 50 cm 左右位置揭露的下端张拉裂隙亦是如此,裂隙开度在 3.5 mm 左右)。

 基于上述观测结果也就不难理解,为什么高家堡煤矿采用水平定向钻孔注浆封堵导水裂隙会出现那样大的难度。钻孔频繁揭露张拉裂隙或层间离层裂隙等大尺寸裂隙空洞而导致的注浆体难以滞留,这是造成注浆封堵困难的主要原因;依据不同类型裂隙的导浆特性合理布设定向钻孔钻进层位及轨迹是解决这一难题的关键。

5.1.2.3 水平定向钻孔钻进沿线揭露的裂隙分布类型及其导浆特征

 根据上述不同层位水平测线揭露的裂隙开度分布特征观测结果可知,无论定向钻孔在哪一层位钻进,其钻进沿线揭露的裂隙分布主要有 3 种类型,如图 5-13 所示。

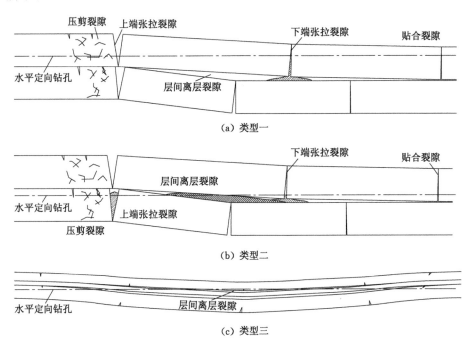

图 5-13 不同层位水平定向钻孔钻进揭露的裂隙分布类型

类型一：导水裂隙带内沿单一岩层钻进，如图 5-13(a)所示。由开采边界向采区中部钻进过程中依次揭露裂隙的分布顺序为"压剪裂隙→上端张拉裂隙→下端张拉裂隙→贴合裂隙"，而后随着向另一开采边界接近，钻进揭露的裂隙分布顺序与前面相反。这种类型条件下钻孔冲洗液失返及注浆封堵的间隔与岩层的破断步距接近，且常易在厚硬岩层(如关键层)中钻进时发生。

在这一类型的钻进层位施工水平定向钻孔时，当钻进揭露压剪裂隙时，宜选择注入粉煤灰、水泥、水玻璃等封堵难度小且不易跑浆的细粒材料。当钻进揭露上端张拉裂隙时，由于其揭露"空洞"量大，且裂隙常与下部邻近岩层的上端张拉裂隙连通，所以宜首先选用粗粒材料进行固结封堵，直至其隔绝与下部邻近的上端张拉裂隙的导流通道时，才可选取细粒材料大量注入；仅当浆体在揭露的裂隙"空洞"中流动达到其扩散半径后，才能逐步向上堆积，直至堆积高度达到钻孔层位与岩层底界面间的距离，钻孔周围空洞才能实现封堵，后续钻进工作才能顺利进行。因此，钻孔层位距离该岩层底界面不同距离，对应其注浆量明显不同；其层位距岩层底界面越近，封堵所需注浆量越少，如图 5-14 所示。当继续钻进至揭露下端张拉裂隙时，由于其常与层间离层裂隙沟通，自由空间及其注浆量相比上端张拉裂隙往往更大，仅当浆体在层间离层裂隙中达到其平面扩展半径并逐步堆积至钻孔钻进层位时，才能恢复钻进。而后，当钻进揭露贴合裂隙时，虽然其常常与下部层间离层裂隙或邻近岩层的贴合裂隙连通，但由于其开度偏小，采用易凝结的细粒材料注浆即可实现裂隙封堵和继续钻进。值得说明的是，由于钻孔尺寸(孔径)相比上端张拉裂隙或层间离层裂隙的开度或空洞量明显偏小，所以注入一些大颗粒材料时常易在孔内提前"架桥"(堵孔)，出现注浆起压而实际未堵住裂隙的困局。因此，在对揭露的大开度或大空洞量的裂隙进行注浆封堵时，可选择增加钻孔孔径或减小浆体注入流量，以降低堵孔风险。

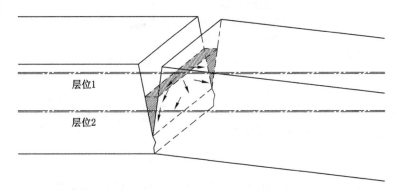

图 5-14　水平定向钻孔在某岩层的不同层位钻进揭露上端张拉裂隙时的导浆示意图

类型二：导水裂隙带内穿岩层钻进，如图5-13（b）所示。由开采边界向采区中部钻进过程中依次揭露裂隙的分布顺序为"压剪裂隙→上端张拉裂隙→层间离层裂隙→下端张拉裂隙→贴合裂隙"，而后随着向另一开采边界接近，钻进揭露的裂隙分布顺序与前面相反。由于该层位钻进时受"穿层"的影响，其相比类型一在开采边界附近需要多揭露层间离层裂隙这一类型裂隙，所以钻孔冲洗液失返及注浆封堵的间隔相比类型一密集。由于实际采动岩层破断回转的作用，在采动覆岩中钻进水平定向钻孔难免出现"穿层"现象，因此这种类型是现场实施中最常遇见的类型。

由于水平定向钻孔揭露层间离层裂隙时，在钻进沿线上反映的空洞量急剧升高，所以宜采用粗粒材料进行注浆封堵，且需持续注浆至浆体达到其水平扩散半径并在垂向上堆积至钻进层位，才能恢复钻进。钻孔在层间离层裂隙中钻进注浆的封堵程度（浆体扩散范围及其堆积高度）会影响后续钻进揭露下端张拉裂隙时的封堵难度，对层间离层裂隙的封堵程度越高，注浆体的扩散范围越大，钻孔在后续钻进至下端张拉裂隙时所需的封堵注浆量越小，相应封堵难度也越小。由于层间离层裂隙是上下邻近岩层破断回转不协调造成的，因而在上部邻近较厚硬岩层（如关键层）时对应离层裂隙的自由空间会明显高于上部邻近薄软岩层空间；且岩层破断回转角越小，钻孔在离层空间中的钻进长度越长，对应注浆量及封堵难度越高。因此，在实际钻进过程中应结合钻进层位对应岩层柱状，合理安排注浆材料的选取及其注浆量。

类型三：弯曲下沉带内穿岩层钻进，如图5-13（c）所示。由开采边界向采区中部钻进过程中多次穿层揭露层间离层裂隙。

与前述类型二中处于导水裂隙带的层间离层裂隙不同，弯曲下沉带的离层空间相对封闭，适宜采用细粒材料进行大量注浆，且不易出现跑浆现象。弯曲下沉带岩层的下沉量相对偏小，导致钻孔在离层中需要钻进较长距离才能进入上部邻近岩层，造成实际注入的封堵浆体量大、注浆频繁。前述高家堡煤矿最终调整层位施工的注2孔即属于这种类型，正是由于该类型钻孔钻进揭露的离层裂隙在钻进水平上反映的空洞量大、需注量多，才造成现场注浆堵漏困难的局面。但需要指出的是，该类型中仅对弯曲下沉带中的离层裂隙进行注浆封堵，实际难以达到堵水的目的，毕竟弯曲下沉带的离层裂隙并非导致地下水流失的通道；这也与高家堡煤矿堵水实践中注2孔大量注浆后井下涌水并未明显减小的现象相符，如图5-15所示。

5.1.2.4 注浆封堵导水裂隙的合理层位确定

综合上述分析可知，采用水平定向钻孔注浆封堵覆岩导水裂隙时，要取得较好的封堵效果，并尽可能降低注浆需用量，科学确定合理钻进层位很重要。水平定向钻孔钻进层位的选择需满足以下3点原则：

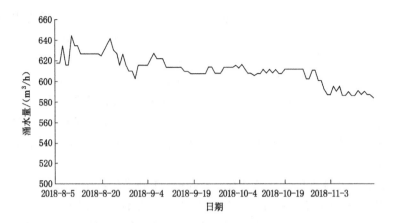

图 5-15　高家堡煤矿一盘区注 2 孔注浆封堵过程中井下涌水量变化曲线

　　第一,钻进层位揭露的裂隙应具有较好的"留浆"能力。也就是说,注入浆体能很好地滞留在裂隙空间并对其形成封堵作用,且无跑浆风险。根据浆体在裂隙中流动的立方定律,浆体在裂隙中的流量与裂隙宽度的三次方成正比,裂隙开度越大,过流能力越强,"流浆"能力越弱,相应所需的注浆量也越大。因此,应尽可能选择在裂隙开度偏小的层位钻进,以降低注浆成本,提高封堵效果。由模拟结果可知,钻孔在导水裂隙带内的布置层位越高,相应岩层采动裂隙的开度越小;且若具体到某一裂隙时,如上端张拉裂隙,钻孔在该裂隙发育的岩层上钻进的层位越低,对应揭露的裂隙开度越小。因此,钻孔钻进层位应尽可能远离煤层,且应根据采动裂隙在平面上的开度分布特征合理选取开度相对偏小的层位。

　　第二,钻进层位实施注浆封堵的应是地下水流失的导水裂隙通道。即应在导水裂隙带范围内选择层位进行钻孔注浆,这样才能达到隔绝地下水流失通道的目的。若在导水裂隙带上部的弯曲下沉带进行注浆钻孔施工,虽然也会出现钻孔冲洗液频繁不返浆现象,但那只是由相对封闭的层间离层裂隙引起,并非导水裂隙;对其进行注浆封堵实为"无用功"。

　　第三,钻进层位应利于钻孔围岩的稳定。水平定向钻孔主要分为垂直段、造斜段和水平段,垂直段与造斜段都会采用套管进行固孔,而水平段则为裸孔。若水平段在岩性比较软弱的岩层中钻进,即便使用钻井固井材料,也容易发生塌孔事故,极大地影响注浆工序和堵水效果。因此,应根据覆岩柱状情况,将钻进层位设置在岩性较稳定、岩石强度较高的岩层中(如厚硬砂岩)。

　　根据以上 3 方面原则,以图 5-11 中物理模拟结果呈现的覆岩条件及其导水裂隙分布情况为例,可对水平定向钻孔的合理钻进层位进行确定。首先,由于导水裂隙带高度最大发育至关键层 3 底界面,因此钻孔钻进层位应尽可能靠近关键层 3 底界面;其次,由不同层位揭露的裂隙开度分布特征来看,L_3 和 L_7 测线上对应裂隙的开度偏小,但因 L_7 测线层位偏低,且揭露的下端张拉裂隙与下部软岩间的离层裂隙空洞较大,所以 L_3 测线对应层位在裂隙开度分布对"流浆"的适应性上相对合理;最后,结合 L_3 测线对应岩层厚度相对较大,且裂隙发育数量相对偏少的情况,可确定 L_3 测线对应层位是该物理模型钻孔注浆覆岩导水裂隙的合理层位。值得说明的是,虽然该层位钻进时会进入关键层下部的大尺寸离层空间,钻孔钻进沿线的空洞量会明显偏大,但可利用该处大量注浆浆体的平面扩散作用,对该岩层其他区域的发育裂隙实施封堵,能有效增大钻孔的平面布置间距,大大降低注浆工程的实施成本。

5.1.3　水平定向钻孔注浆封堵导水裂隙主通道的方法设计

由前述 5.1.1 节高家堡煤矿一盘区实施的地面水平定向钻孔注浆堵水工程实践可知,其注浆钻孔的布置设计实际是采用了"全覆盖"的思路,以期封堵对应层位平面内所有裂隙的发育区域(见图 5-8);然而,根据第 3 章的研究结果,含水层受采动破坏后,其赋存水体并非由覆岩各区域导水裂隙均匀地向井下采空区流失,而是主要沿导水裂隙带内局部区域的导水主通道流动,且这些主通道通常集中发育于开采边界附近;由此,若能依据这些导水主通道的分布规律,重点对其实施注浆封堵,则势必能取得良好的堵水效果,同时较"全覆盖"方式还能有效降低施工成本。基于这一思路,本节依据第 3 章研究得到的导水裂隙主通道分布模型,充分考虑上述水平定向钻孔注浆封堵的合理层位确定原则,形成了水平定向钻孔注浆封堵导水裂隙主通道的含水层保护方法。具体方法如下:

(1)利用开采区域的地质钻孔柱状进行覆岩关键层位置的判别[50-51],采用"基于关键层位置的导水裂隙带高度预计方法"[7-8]确定不同区域采动覆岩导水裂隙带的发育高度,也可根据钻孔冲洗液漏失量进行现场工程探测;结合导水裂隙带高度及地层含水层的赋存位置,判断受采动破坏的含水层区域,并确定水平定向钻孔的施工区域。即若导水裂隙带高度范围内存在含水层,则判断对应区域导水裂隙带已沟通含水层,需要进行水平定向钻孔的施工及注浆封堵,若导水裂隙带高度范围内不存在含水层,则无须进行注浆封堵。

(2)在导水裂隙带沟通地层含水层的开采区域内划定导水裂隙主通道分布区域,并由地面向其施工水平定向钻孔。依据图 3-6 所示的主通道分布模型,结合相关工程实测结果,可判断导水裂隙主通道分布区域一般处于开采边界外侧 10 m 至开采边界内侧 40~50 m 的范围内。水平定向钻孔的钻进轨迹设计时,应确保其水平段沿开采边界走向延展布置,并覆盖导水裂隙主通道分布区域。具体实施时(见图 5-16),首先根据 5.1.2 节的研究结果确定水平段钻进的合理目标层位,考虑受采动破坏含水层在导水裂隙带内的位置,选择含水层内或其下部厚度大于 5 m 的砂岩作为目标岩层,且目标岩层应尽可能靠近导水裂隙带顶界面;钻孔水平段位于目标岩层垂向中下部,尽量靠近岩层底界面。其次设置水平段的各个水平分支,水平分支由导水裂隙带侧向偏移的轮廓线与目标岩层的交界处依次向采区内部间隔布置。即第一水平分支与导水裂隙带侧向偏移轮廓线重合,第二水平分支位于开采边界向采区外侧水平偏移 10 m 位置,第三至第八水平分支则分别由第二水平分支位置向采区内侧方向间隔 10 m 依次布设,如此第二至第八水平分支将能覆盖导水裂隙主通道在目标岩层位置的平面分布范围。各水平分支的实际钻进施工顺序按照由外向内的次序进行,首先施工第一水平分支,最后施工第八水平分支。

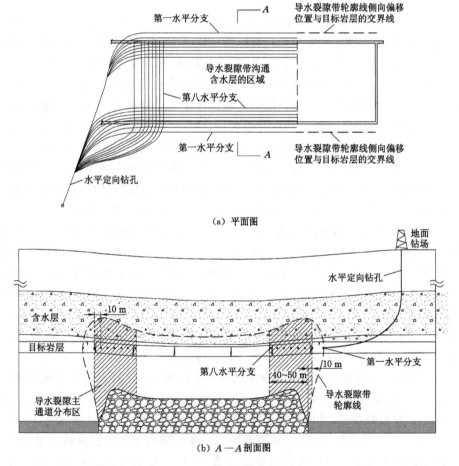

（a）平面图

（b）A—A 剖面图

图 5-16　覆岩导水裂隙主通道注浆封堵的水平定向钻孔布置设计[143]

（3）在水平定向钻孔的水平分支钻进过程中，一旦出现冲洗液漏失而不返浆的现象时，则停止钻进并进行注浆封堵；待浆液彻底凝固后，重新下钻继续钻进，并在钻进过程中循环实施"逢漏即堵"措施，直至该水平分支钻进完毕。当某一水平分支钻进完毕后，用水泥浆对其进行封孔，而后进行下一个水平分支的钻进，并重复实施"逢漏即堵"措施，直至所有水平分支覆盖导水裂隙主通道在目标岩层的分布区域。注浆封堵时应根据水平分支所处位置对应裂隙发育形态的不同进行封堵材料的科学选取。对于第一水平分支，宜选用粉煤灰、水泥、黄土等细粒材料进行注浆，浆液比重可确定为 1.3～1.5；待注浆压力上升至 1～2 MPa 时，采用水泥和水玻璃调制而成的快速凝固混合浆液进行注浆，当注浆压力开始上升时则停止注浆；快速凝固混合浆液的凝固时间按照浆液由孔口流动至钻孔底部所需时间加上 10～20 min 进行设定。对于第二至第八水平分支，考虑到其揭露的裂隙往往是上端/下端张拉裂隙或层间离层裂隙等大开度裂隙，优先选择注入的应是大颗粒材料。可首先采用比重为 1.3～1.5 的黄泥浆或粉煤灰浆掺入粒径为 3～5 mm 的核桃壳一类的大颗粒骨料进行注浆，核桃壳的掺入比例为每立方米黄泥/粉煤灰浆中掺入 1～2 kg 核桃壳；待注浆 24 h 时，若注浆压力一直为 0，则改采用粒径为 2～3 mm 的棉籽壳这种富含纤维的骨料掺入黄泥/粉煤灰浆中进行注浆，棉籽壳的掺入量比例与核桃壳相同。持续注入直到注浆压力开始上升，继续采用核桃壳掺入进行注浆；当注浆压力上升至 1～2 MPa 时，采用水泥和水玻璃调制而成的快速凝固混合浆液进行注浆，直至注浆压力开始上升则停止注浆；若注入掺有核桃壳的浆体在低于 24 h 即出现注浆压力达到 1～2 MPa 的现象，则在压力达到 1～2 MPa 时直接注入快速凝固混合浆液。

上述方法基于煤层地质赋存条件与开采参数对覆岩导水裂隙带发育的影响，不但考虑了覆岩导水裂隙主通道分布区域，而且还考虑了注浆材料及注浆方法对裂隙封堵效果的影响，对沟通地层含水层的覆岩导水裂隙采取"抓主要矛盾"的方式，对覆岩中的主要导水通道实施注浆封堵，不但科学可靠、工程量低，而且还能有效降低含水层水漏失程度，减小矿井水害威胁。该方法可为我国富水、富煤矿区的煤炭开采水资源保护与水害防治等提供保障，对采动含水层的生态修复具有重要指导意义。

5.2　铁/钙质化学沉淀封堵采动岩体孔隙/裂隙的含水层修复方法

5.2.1　铁/钙质化学沉淀封堵岩体裂隙的降渗特性实验

根据前述第 4 章有关采动岩体裂隙自修复机制的研究结果，采动破坏岩体在与流失地下水、采空区 CO_2 等气体的长期"水-气-岩"相互作用过程中,会发生岩石矿物成分的溶解、溶蚀以及铁、钙等离子的析出,从而在一定化学环境下发生沉淀反应,生成 $Fe(OH)_3$、$CaCO_3$、$CaSO_4$ 等沉淀物并对孔隙/裂隙通道起到封堵降渗作用,最终引起岩体裂隙的自修复。通过进一步调研发现,这种铁/钙质化学沉淀物或结垢物对孔隙/裂隙介质的封堵降渗现象在其他一些岩土工程领域也常有发生。如石油开发工程中的储层结垢损害现象[145-147]、水坝减压井或尾矿坝排渗时的化学淤堵现象[148-151]、地下水人工回灌工程中的注水井堵塞现象[152-153]等。相关研究表明,此类铁/钙质沉淀物之所以会对岩体孔隙/裂隙产生堵塞,主要源于它们在物理介质表面的"吸附-固结"作用。由于它们通常具有较强的吸附性,极易吸附在岩石孔隙/裂隙等过流通道表面,并以此为核心继续吸附周围的沉淀物,并层层包裹,表现出结垢晶体不断生长的现象[133,145,154];若环境中存在多种沉淀物时,各类沉淀物之间又会相互吸附,呈现"包藏—共沉—固结"[155-156]的结垢过程;经过一段时间的累积,最终形成具备一定耐冲蚀能力的致密结垢物或包结物,堵塞孔隙/裂隙通道,如图 5-17 所示。前述 4.1 节中图 4-3 所示的抽水钻孔结垢堵塞现象即由这一过程引起。

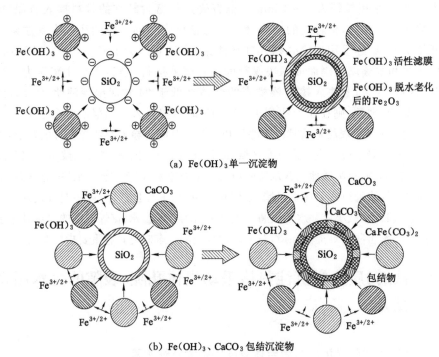

(a) $Fe(OH)_3$ 单一沉淀物

(b) $Fe(OH)_3$、$CaCO_3$ 包结沉淀物

图 5-17 化学沉淀物"吸附-固结"的结垢示意图(以铁/钙质沉淀物为例)

　　然而,从第 4 章中不同条件下的水-气-岩相互作用实验也可看出,裂隙岩体与地下水、CO_2 等化学作用产生铁/钙质沉淀物的自修复进程较为缓慢,单纯依靠自然产生的沉淀物难以实现导水裂隙通道的快速封堵与含水层修复;受此启发,若依据地下水的化学特性,向采动含水层中直接注入可与其赋水产生铁/钙质沉淀物的修复试剂,无疑为加快化学沉淀物的产生进程、实现导水裂隙快速封堵与含水层生态修复提供了一条便捷途径。为了验证铁/钙质化学沉淀物对岩体裂隙通道的封堵修复作用,本节基于第 4 章的水-气-岩相互作用实验思路,开展了含水裂隙岩样灌注化学试剂促进铁/钙质化学沉淀的降渗实验研究。

　　(1) 实验方案设计

　　实验针对裂隙和孔隙两种导水通道,分别设计了单裂隙岩样模型和石英填砂管模型。其中,单裂隙岩样模型选择采用砂质泥岩作为实验岩样,并对其标准圆柱试件预先进行人工压裂以形成单一贯通裂隙,参照第 4 章中水-气-岩相互作用实验中的岩样封装方式将其装入类似的实验容器中,以模拟含裂隙通道的采动含水层岩体;而石英填砂管模型则选用粒径为 1~2 mm 的石英砂作为实验介质,将其装入透明亚克力管中(管长为 1 000 mm,管径为 75 mm),以模拟含孔隙通道的采动含水层岩体,如图 5-18 所示。

　　对于单裂隙岩样模型,首先向实验容器中充入浓度为 1.38 g/L 的 $NaHCO_3$ 水溶液,以模拟弱碱性含水层的赋水条件;待水体由裂隙岩样稳定渗流后,向容器中灌注浓度为 1.93 g/L 的 $FeSO_4$ 水溶液,以模拟铁质化学沉淀对裂隙通道的修复降渗作用;两种溶液的灌注速度按照关键离子能发生充分化学反应进行设置。同理,对于石英填砂管模型,则首先充入浓度为 1.59 g/L 的 Na_2SO_4 水溶液,以模拟中性的含水层赋水条件;经过水体稳定渗流后,测试其孔隙率为 32.8%;而后由石英砂管另一位置向其内灌注浓度为 2.89 g/L 的 $CaCl_2$ 水溶液,以模拟钙质化学沉淀对孔隙通道的修复降渗作用;溶液的灌注速度同样按照关键离子能发生充分化学反应进行设置。

　　实验过程中,间隔 1~2 h 对裂隙岩样及石英砂管的水渗透率进行测试(测试过程与方法参照前述第 4 章中的实验进行),以评价铁/钙质化学沉淀对孔隙/裂隙通道的封堵降渗作用。

　　(2) 实验结果与分析

　　经过近 6 周的实验,获得了修复试剂灌注过程中单裂隙岩样及石英填砂管的绝对渗透率变化曲线,如图 5-19(a)所示。实验发现,无论是单一贯通裂隙岩样还是石英砂孔隙模型,铁/钙质沉淀物都对其孔隙/裂隙形成了显著的封堵作用,使得实验模型表现出水渗透性持续快速下降的现象,且在 0.1 MPa 的水压

（a）单裂隙岩样模型

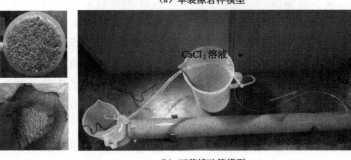

（b）石英填砂管模型

图 5-18　单裂隙岩样模型与石英填砂管模型

作用下也未出现明显的渗透性升高现象。如图 5-19(b)所示，Fe(OH)$_3$ 沉淀物在岩样裂隙面显著沉积，促使其绝对渗透率由初始的 15.1 D 经历约 790 h 降低为 0.01 D；而 CaSO$_4$ 对石英砂孔隙的封堵则使其发生了一定程度的固结，并使其绝对渗透率由初始的 62.3 D 经历约 860 h 降低为 0.1 D。由此不仅进一步证实了铁/钙质沉淀物对岩体孔隙/裂隙的封堵降渗作用，也说明前述提出的利用其封堵作用开展采动破坏含水层生态修复的技术思路是可行的。

5.2.2　人工灌注修复试剂促进铁/钙质化学沉淀封堵岩体孔隙/裂隙的含水层　　　　修复方法

　　基于 5.2.1 节的研究结果，探索形成了人工灌注化学试剂或改变地下水化学特性以促进铁/钙质化学沉淀封堵采动岩体孔隙/裂隙的含水层修复方法[46]。即根据采动流失地下水的酸碱度、阴阳离子成分等化学特征选择合适的修复试剂，将其回灌至采动含水层裂隙发育区域；利用修复试剂与地下水阴阳离子发生

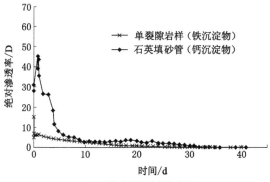

（a）绝对渗透率变化曲线

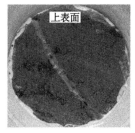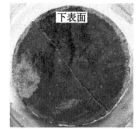

（b）岩样裂隙内沉积的$Fe(OH)_3$沉淀物

（c）$CaSO_4$在石英砂孔隙中沉积并使其固结

图 5-19 铁/钙质化学沉淀对孔隙/裂隙封堵降渗的实验结果

化学反应生成的易吸附在岩石矿物表面的沉淀物，对含水层岩体中孔隙/裂隙导水通道进行封堵，从而在含水层内对应导水裂隙带轮廓线位置附近形成一定范围的化学沉淀物隔离罩或隔离壁，有效隔绝地下水向采动破坏岩体范围的流失与补给通道，达到地下水资源保护与采动含水层原位修复的目的。

首先，根据覆岩导水裂隙带高度和地质钻孔柱状判断地层含水层受采动破坏的采煤区域。若导水裂隙带高度范围内存在含水层，则对应区域导水裂隙带已沟通含水层，需要布置相应的修复试剂回灌钻孔；若导水裂隙带高度范围内不存在含水层,则无须施工回灌钻孔。

其次,针对导水裂隙带高度范围内存在含水层的区域,在对应地表进行修复试剂回灌钻孔的施工;回灌钻孔的施工类型及其布置方式根据具体导水裂隙带顶界面相对于含水层顶界面位置的不同进行差别设计。

(1)若导水裂隙带顶界面位于含水层顶界面以下,且导水裂隙带顶界面最高点距含水层顶界面距离大于20~30 m,则回灌钻孔采取地面水平定向钻孔与地面垂直钻孔相结合的方式进行,如图5-20所示。其中,定向钻孔的水平分支在采区边界外侧附近成组布置,而垂直钻孔则布置于采区中部。某侧边界定向钻孔的成组水平分支在垂直剖面上成45°角布置,最高层位的钻孔位于导水裂隙带顶界面最高点以上20~30 m,并对应于采区边界位置;以此钻孔位置按照45°角斜向下延展布置其他水平分支,每组水平分支的钻孔间距为15~20 m,直至达到含水层底界面。水平定向钻孔的垂直段和调斜段均用套管护孔,而水平段(水平分支)则为裸孔。垂直钻孔的终孔位置位于导水裂隙带顶界面以上20~30 m,且从地表直至含水层顶界面以下10 m范围内均采用套管护孔;若需修复区域对应走向或倾向长度超过1 000 m,则沿走向或倾向间隔1 000 m布置多个垂直钻孔。水平定向钻孔和垂直钻孔的护孔套管材质均为高强度聚酯材料而非铁质。

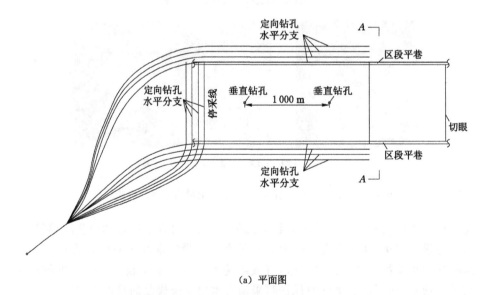

(a) 平面图

图5-20 导水裂隙带顶界面位于含水层顶界面以下时的修复试剂回灌钻孔布置图

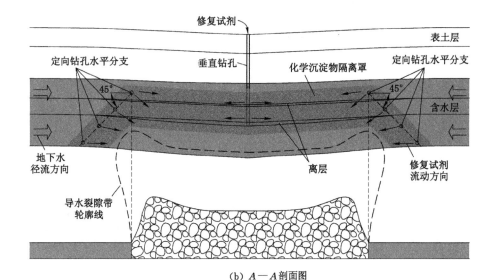

(b) A—A剖面图

图 5-20(续)

（2）若导水裂隙带顶界面位于含水层顶界面以下且其最高点距含水层顶界面距离小于 20~30 m,或者导水裂隙带顶界面位于含水层顶界面以上,则仅需采用地面水平定向钻孔施工方式在采区边界外侧附近成组布置回灌钻孔(水平分支)。与上述类似,成组布置的水平分支在垂直剖面上同样成 45°角布置,最高位钻孔位于含水层顶界面并外错于开采边界 20~30 m 位置,以此钻孔位置按照 45°角斜向下延展布置其他钻孔;每组水平分支钻孔的间距为 15~20 m,直至达到含水层底界面。水平定向钻孔的垂直段和调平段均用套管护孔,而水平段则为裸孔,套管材质与前述相同。

第三,根据采动流失地下水的化学特征,选择合适的化学修复试剂通过回灌钻孔注入含水层。若地下水为碱性水,则用含 Fe^{2+} 或 Fe^{3+} 的化学试剂与弱酸水配置成富铁水溶液作为修复试剂。若地下水为高硬度水,则用含 CO_3^{2-} 的化学试剂与去离子水配置成溶液作为修复试剂,或者也可直接将 CO_2 注入含水层中。若地下水为酸性水,则除了需要用含 Fe^{2+} 或 Fe^{3+} 的化学试剂与弱酸水配置成富铁水溶液作为修复试剂进行回灌外,同时还需要在采区边界外侧增设含氧水回灌钻孔,并将充分曝气后的水通过该钻孔注入含水层中。上述修复试剂或含氧水的灌注压力均应大于含水层水压与钻孔深度对应水头压力之差,以确保修复试剂或含氧水能顺利注入含水层中。酸性地下水条件下含氧水回灌钻孔布置如图 5-21 所示,布置在采区边界外侧 100～200 m 位置,其终孔位置位于含水层底界面以上 10 m 位置,钻孔由地表直至含水层顶界面以下 10 m 范围均采用套管护孔,护孔套管材质为高强度聚酯材料而非铁质;且当修复区域走向或倾向长度超过 1 000 m 时,则沿走向或倾向间隔 1 000 m 布置多个钻孔。

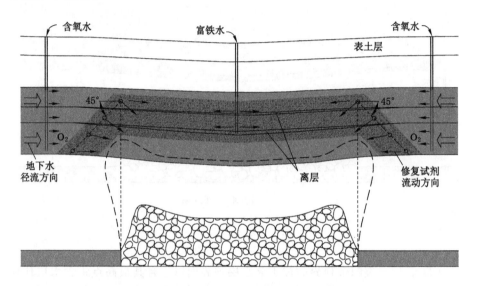

图 5-21 酸性地下水条件下含氧水回灌钻孔布置图

最后,在修复试剂回灌过程中实时监测井下涌水量变化情况,间隔 1～2 周对井下涌水的化学特征参数进行测试。若发现井下涌水量显著降低或井下涌水中出现大量修复试剂成分,则减小修复试剂的回灌量;否则,持续进行修复试剂的灌注,直至井下涌水停止。

上述含水层修复方法基于采动覆岩导水裂隙的发育规律和分布特征,充分考虑导水裂隙带与含水层的相对位置以及含水层储水的化学特征,有针对性地进行修复试剂回灌钻孔的布设以及修复试剂选取;利用修复试剂与地下水阴阳离子发生化学反应生成的沉淀物,对采动含水层岩体孔隙/裂隙进行有效封堵,隔绝了地下水向采动破坏岩体范围的流失与补给通道,实现了水资源的科学保护与含水层的原位修复。所选取的修复试剂由于能与地下水发生化学反应,一定程度上调节了地下水的酸碱度和硬度,有效改善了地下水水质。上述方法可为我国生态脆弱矿区的保水采煤与生态修复提供保障。

5.3　化学软化碳酸盐岩促进导水裂隙主通道自修复的含水层恢复方法

煤系地层中赋存有岩性不同、强度各异的岩层,这些岩层大多由碳酸盐岩、铝硅酸盐岩及各种黏土矿物组成,各类矿物成分的组分差异造成了各类岩层强度的差别。由第 4 章的研究发现,岩体中的矿物成分常常与地下水发生长期持续的水-岩相互作用,从而对岩体结构的承载强度产生弱化作用;且地下水酸碱度不同时,相关水-岩作用引起的强度弱化程度也将有所不同。岩体中的碳酸盐岩矿物成分是极易与酸性化学物质反应的物质,若能通过人为改变地下水酸度的方式促进岩层的水岩反应软化作用,将能促使采动岩体结构发生塑性流变,从而在采动地层应力的压实作用下促使岩体中的采动裂隙逐步闭合。这对于降低采动裂隙的过流能力、促进其发生自修复,无疑是一条有效的途径。为此,本节针对覆岩导水裂隙主通道发育区域,研究形成了化学软化碳酸盐岩促进裂隙自修复的含水层恢复方法[49]。

根据具体开采条件下采动覆岩导水裂隙带的发育特征,确定开采区域内覆岩导水裂隙带沟通地层含水层的分布范围,同时获取富含碳酸盐岩矿物岩层的信息。在导水裂隙带沟通地层含水层的开采区域由地表向处于导水裂隙带范围内、地层含水层以下富含碳酸盐岩的目标岩层中施工钻孔;通过钻孔向目标岩层中的导水裂隙主通道发育区域注入软化剂,使软化剂与目标岩层中的碳酸盐岩矿物充分反应,从而促进碳酸盐岩的岩体结构软化,使得岩体中的导水裂隙在采动地层应力的作用下逐步发生闭合,降低其导水能力,实现采动裂隙的人工促进自修复和地下含水层生态恢复。具体实施方法如下:

首先,根据开采区域的地质钻孔柱状和覆岩导水裂隙带高度判断地层含水层受采动破坏的区域;若在导水裂隙带高度范围内存在含水层,则判断对应区域导水裂隙带已沟通含水层,需要进行导水裂隙促闭合的修复工作。

其次,在导水裂隙带已沟通含水层的开采区域中,对相应导水裂隙带范围内、含水层以下的各岩层进行取样,并采用 X 射线衍射或扫描电镜等测试手段对各岩层的矿物成分进行测试,从而确定出富含碳酸盐岩矿物的目标岩层。由地表向目标岩层中的导水裂隙主通道发育区域(即开采边界附近的张拉裂隙发育区)施工软化剂注入钻孔。钻孔类型可根据地表的施工条件来确定:若开采区域对应地表具备钻场布置的施工条件,则选择采用地表垂直钻孔;否则需要选择在开采区域之外的地表合适位置布置钻场施工水平定向钻孔。

若采取地表垂直钻孔的布置方式,如图 5-22 所示,钻孔平面位置位于采区边界外侧附近,处于导水裂隙带侧向偏移轮廓线与目标岩层层位相交的位置,终孔位置为富含碳酸盐岩矿物的目标岩层的垂向中部。钻孔应从地表直至含水层底界面以下 10 m 范围内进行套管护孔,其余段为裸孔;套管材质为 PVC 等耐酸腐蚀性的高强度聚合物材料。当修复区域对应走向和倾向尺寸超过 200~300 m 时,则沿走向或倾向间隔 200~300 m 布置多个垂直钻孔。

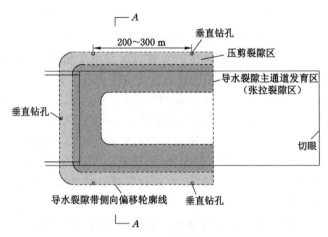

(a) 平面图

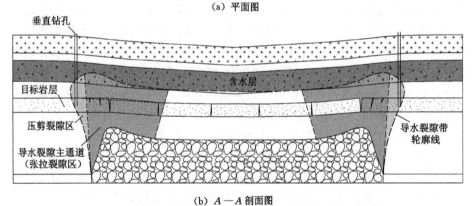

(b) A—A 剖面图

图 5-22   垂直钻孔注入软化剂的布置图

若采取地表水平定向钻孔的施工方式,如图 5-23 所示,钻孔的水平段轨迹应沿着富含碳酸盐岩矿物的目标岩层的层位,并处于导水裂隙带轮廓线的侧向偏移位置。水平定向钻孔应从地表直至进入导水裂隙带范围前进行套管护孔,其余段为裸孔;套管材质同样选择为 PVC 等耐酸腐蚀性的高强度聚合物材料。

第三,向软化剂注入钻孔中注入易于碳酸盐岩矿物发生反应的软化剂(如盐

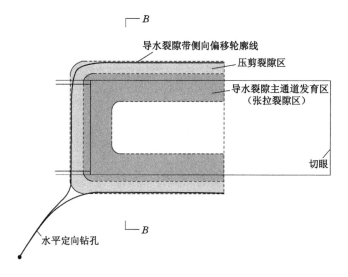

（a）平面图

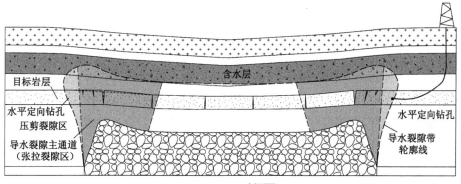

（b）*B—B* 剖面图

图 5-23 水平定向钻孔注入软化剂的布置图

酸、硫酸或氢氟酸等），使其与目标岩层中的碳酸盐岩矿物发生充分反应，促使碳酸盐岩的岩体结构发生塑性流变，由此在采动地层水平应力挤压和垂直应力压实的双重作用下，岩体中的压裂裂隙和张拉裂隙将逐渐闭合（见图 5-23），从而有效降低岩层裂隙的导水能力，实现采动裂隙的人工促进自修复和地下含水层保护。

上述导水裂隙人工促进自修复与含水层恢复方法采取"抓主要矛盾"的方式，重点针对开采边界覆岩中开度较大、过流能力较强的张拉裂隙（导水主通道分布区）实施人工促进闭合自修复的措施，不但科学可靠、工程量低，而且不会对工作面正常采煤产生干扰,整个保水方法可以在正常采煤同时实施,也可以在工作面封闭后实施。该方法充分利用水岩化学作用,人为加入化学软化剂促进目标岩层的软化和裂隙闭合,既遵循了客观自然规律,又不会对地下水环境产生严重影响。这可为我国地层富水性强、地表生态环境脆弱矿区的水资源保护与水害防治提供保障。

5.4 爆破松动边界煤柱/体促进导水裂隙主通道修复的含水层恢复方法

根据第 3 章的研究结果,采动地下水主要沿采区边界附近的导水裂隙主通道分布区流动(即张拉裂隙区),该区域张拉裂隙的过流能力直接影响着地下水的采动流失程度。因此,限制或降低这些裂隙的过流通道尺寸(发育开度),无疑能对减缓地下水流失程度起到积极作用。由于采区边界附近张拉裂隙的开度主要取决于对应区域岩层破断块体的回转角(回转角越小裂隙开度越小),而该回转角又与破断块体相对于外侧未断岩层的下沉量密切相关;若能采取措施增大外侧未断岩层的下沉扰度(甚至促使其发生断裂),将能有效降低其与破断块体的相对下沉量,从而减小破断块体的回转角及其破断张拉裂隙。基于此,本章节研究形成了爆破松动边界煤柱/体促进导水裂隙主通道闭合或修复的含水层恢复方法[157]。

根据覆岩导水裂隙带发育高度及地质赋存柱状确定含水层受采动破坏的区域,在导水裂隙带沟通含水层的区域对应井下巷道中向采空区方向对边界煤柱/体施工爆破钻孔,人为松动、破坏边界煤柱/煤体,以促使上覆岩层发生超前断裂,从而使得原有采区边界导水裂隙主通道分布区域的张拉裂隙逐步发生闭合,减小裂隙开度,降低其导水能力,实现裂隙促进修复与含水层恢复。如图 5-24 所示,爆破钻孔在对应采区附近的巷道中施工,平均间隔 25~35 m 设一个钻场,每个钻场布置 2~4 个钻孔,钻孔终孔距离采空区边界 4.5~5.5 m。每个钻场施工钻孔的终孔水平间距为 8~11 m,各钻孔终孔的垂直层位可根据煤层厚度均匀布置。钻孔施工完毕后,即可进行装药爆破,爆破松动的范围应达到 30~40 m 宽。爆破实施后,可根据井下涌水量变化情况及实施区域对应地表的下沉情况判断修复效果;若井下涌水量明显减小,对应地表出现较大下沉,且地表下沉的超前影响范围也增大了 30~40 m,则说明对边界煤柱/体的爆破松动取得了良好的裂隙修复效果;反之则需进一步加强边界煤柱/体的爆破松动程度,以提高裂隙促闭合的修复效果。

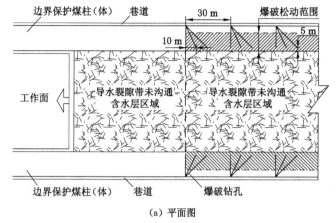

（a）平面图

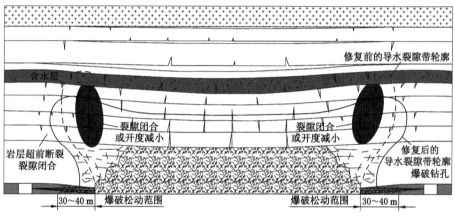

（b）剖面图

图 5-24　边界煤柱/体爆破松动钻孔布置图

5.5　本章小结

　　本章在前述第 3、4 章节有关覆岩导水裂隙主通道分布模型及其在水-气-岩相互作用下的自修复机制，形成了以水平定向钻孔注浆封堵导水裂隙主通道、人工灌注修复试剂促进铁/钙质化学沉淀封堵岩体孔隙/裂隙、化学软化碳酸盐岩促进导水裂隙主通道自修复，以及爆破松动采区边界煤柱/体促进导水裂隙主通道自修复等 4 方面为思路的含水层保护与生态修复方法，为煤炭开采水资源保护与生态修复提供了重要理论参考。

　　（1）基于高家堡煤矿开展的地面水平定向钻孔注浆封堵覆岩导水裂隙的堵

水工程实践,对不同层位定向钻孔钻进揭露的导水裂隙类型及其发育特征进行了研究,揭示了水平定向钻孔钻进沿线揭露的裂隙分布类型及其导浆特征;水平定向钻孔由外侧原岩区向采动影响区钻进过程中,会依次揭露开采边界的压剪裂隙、上端张拉裂隙、层间离层裂隙、下端张拉裂隙及采区中部的贴合裂隙,并会因钻孔布置层位不同以及是否"穿层"钻进而存在 3 种典型的揭露裂隙次序组合类型。处于覆岩导水裂隙主通道分布区域的张拉裂隙及层间离层裂隙,由于其发育开度大,受钻孔钻进揭露后所需的封堵注浆量明显偏高,从而封堵难度大大增加。由此,本章从采动裂隙对封堵浆体的滞留能力、注浆封堵导水通道的有效性以及钻孔钻进围岩稳定性等方面提出了水平定向钻孔注浆封堵导水裂隙的合理层位确定方法,为水平定向钻孔注浆封堵导水裂隙主通道的含水层保护方法设计提供了指导性建议。

（2）利用铁/钙质化学沉淀在岩石孔隙/裂隙表面的吸附-固结特性,提出了向采动含水层中人工灌注可与其赋存水体发生铁/钙质化学沉淀,以促进沉淀物封堵修复岩体孔隙/裂隙的含水层修复方法。建立了含 $NaHCO_3$ 弱碱水的单裂隙岩样模型和含 Na_2SO_4 中性水的石英砂管模型,设计并开展了分别在灌注 $FeSO_4$ 和 $CaCl_2$ 修复试剂过程中的降渗特性实验,得到了 $Fe(OH)_3$ 和 $CaSO_4$ 沉淀物对模拟采动含水层孔隙/裂隙介质的封堵降渗规律,验证了铁/钙质沉淀物的吸附-固结修复能力。由此,提出了人工灌注修复试剂促进铁/钙质化学沉淀封堵岩体孔隙/裂隙的含水层修复方法。

（3）从化学软化碳酸盐岩促进岩体结构塑性流变并压密导水裂隙主通道的角度,提出了人工促进裂隙自修复的含水层恢复方法。在覆岩导水裂隙沟通地层含水层的开采区域,由地表向处于导水裂隙带范围内、地层含水层以下的富含碳酸盐岩矿物目标岩层施工钻孔,通过钻孔向目标岩层导水裂隙主通道发育区域注入酸性化学软化剂,使其与目标岩层中的碳酸盐岩矿物发生充分反应,促使岩体结构软化;如此岩体中的导水裂隙将在采动地层应力的水平挤压与垂直压实作用下逐步发生闭合,降低其导水能力,实现导水裂隙主通道的人工促进自修复与含水层生态恢复。

（4）从降低开采边界附近导水裂隙主通道发育区内张拉裂隙的开度这一方向出发,利用"将局部区域发育的少数大开度贯通裂隙转变为分散大范围发育的多个小开度非贯通裂隙"的思路,提出对采区边界煤柱/体实施钻孔爆破,以松动破坏边界煤柱/体的承载能力,促使上覆岩层发生进一步超前断裂,使得开采边界附近的张拉裂隙趋于闭合,降低其导水能力,实现导水裂隙主通道的人工促进自修复与含水层生态恢复。

6　本书主要结论

（1）通过现场实施的地面钻孔随煤层开采过程中的变形破坏规律原位观测，揭示了钻孔破坏与覆岩破断运移之间的耦合关系。受煤层开采引起的覆岩破断运移的影响，地面探测钻孔常易发生孔壁错动变形等破坏现象，错动位置与工作面推进距离之间的关系曲线呈现台阶跳跃式变化规律，且曲线"台阶平台"位置与覆岩关键层底界面基本对应，体现了覆岩关键层对岩层破断运动的控制作用。无论是基岩裸孔段还是上覆侏罗系采空区套管段，钻孔孔壁均出现错动量先增大后减小，直至最终恢复原始孔径状态的现象。这与岩层破断运动时先经历正向回转而后又发生反向回转的过程密切相关。所以对于布置于工作面开采边界附近的钻孔，由于岩层破断后仅能发生正向回转，钻孔孔壁错动将始终存在；而处于工作面中部的钻孔，其受采动影响而发生的孔壁错动变形最终将消失。因此，实际应用时可根据地面钻孔的具体用途合理优化钻孔布置位置。

（2）钻孔孔壁的错动变形主要是由上下位邻近岩层破断后的回转角不同而引起的孔壁水平位移量不一致造成的；邻近岩层的破断回转角差异越大，对应两岩层交界处出现的钻孔孔壁错动量也越大。因此，距离煤层越远的岩层，其破断后的回转量越小，相应地引起钻孔孔壁错动变形量越小。据此推导出钻孔孔壁错动量与岩层破断回转角之间的数学关系式，并利用模拟实验得到的钻孔错动量和岩层破断回转角对该理论公式进行了验证。利用钻孔孔壁错动位置随工作面开采的变化规律，可对采动覆岩由下向上逐步破断的运动过程进行合理的推演，钻孔内开始出现错动变形的位置即对应着覆岩破断运动的最高层位。根据钻孔孔壁的错动量可对岩层破断的回转角及其裂隙张开度进行计算，从而判断岩层破断裂隙的导水性。钻孔孔壁错动量越大，说明岩层破断回转的角度越大，相应其破断裂隙越易导水。据此以同忻煤矿 8203 工作面为例，分析地面探测钻孔的孔壁错动实测数据，并以此对覆岩导水裂隙的发育高度进行了判断，判断结果与实测结果相符，验证了该方法的可靠性。

（3）根据岩层采动导水裂隙产生原因的不同，将其划分为 2 类 4 种：一类为开采边界外侧煤岩体受超前支承压力作用而产生的峰后压剪裂隙；另一类为岩层周期性破断回转运动产生的拉剪裂隙。后者根据不同区域岩层破断块体回转运动状态的差异又可细分为3种类型:开采边界附近的上端张拉裂隙和下端张拉裂隙,以及中部压实区的贴合裂隙。超前煤岩体峰后压剪裂隙的导水流态属于非达西渗流,其导水流动常呈现渗流速度缓慢递增、水压缓慢递减以及渗流流量小等特征;仅当渗流水体进入其他类型裂隙赋存区域时,其水流动状态才会出现突变,并造成流动损耗的大幅提升。岩层破断运动形成的拉剪裂隙,因其导水雷诺数相对偏高,属于管流范畴的导水流态。受其分属的3种类型导水裂隙不同发育形态的影响,各种裂隙呈现明显不同的导水流动特征。上端张拉裂隙导流的水头损失和水压衰减最大,但流速递增最快、流量最高;而下端张拉裂隙导流的水头损失和水压衰减最小,但出口流速递减最大;贴合裂隙的导流特性参数化趋势则介于上述两者之间。

(4)地下水经由导水裂隙穿越某一岩层上下界面后,受相邻岩层间离层空间发育的影响,各区域裂隙流出的水体会在离层区重新达到另一流动状态;尤其是在水流穿越开采边界附近对应关键层上下界面后,由于关键层底界面离层发育最为明显且空间较大,裂隙导水流动特性的重置现象会更为显著。可见,采动漏失水体由含水层流至井下采出空间的水流动过程可能并非连续的。根据岩层破断形成的上端张拉裂隙的发育区域进行了覆岩导水裂隙主通道的分布模型的构建;导水裂隙主通道分布区域位于开采边界两侧,且是以裂隙带内各关键层在开采边界附近的超前破断位置及其破断距设定边界而形成的类梯形区域。该模型为合理实施导水裂隙人工限流的保水采煤对策以及人工限流区域的科学选取提供了依据,同时也合理解释了现场采煤实践中常出现的采煤工作面涌水对邻近采空区涌水的"袭夺"现象。

(5)我国煤矿多个工程案例与现场实测已发现,采煤引起的覆岩导水裂隙在其产生后的长期演变过程中,普遍出现水渗流能力逐步下降,甚至消失的自修复现象,由此降低区域水资源的漏失量,促进地下水位的逐步回升。此类自修复现象的发生与采动漏失地下水在岩体裂隙中流动时发生的水-岩相互作用密切相关。采动破坏岩石受地下水的溶解和溶蚀等作用将发生元素的迁移与富集,导致原岩结构被破坏而发生泥化、软化,并生成次级矿物及新的结晶沉淀物。由此,在采动地层应力的压实和水平挤压作用下,受软化的破坏原岩发生流塑变形并压密采动裂隙,生成的次级矿物和结晶沉淀物则直接充填、封堵采动裂隙、孔隙等缺陷。长时间的累积作用后,采动覆岩一定范围内的裂隙将发生弥合与尖灭,最终恢复原岩的隔水性能,阻止区域水源的漏失。

(6)开展了砂质泥岩压剪裂隙岩样分别在酸性和碱性水溶液条件下的水-CO_2-岩相互作用实验(为期近8个月),得到了裂隙岩样实验过程中水渗流能力逐步降低的现象和规律。利用X射线衍射和扫描电镜测试手段,对裂隙岩样的自修复过程进行了合理解释。无论酸性或碱性水溶液条件，裂隙均具备自修复能力，但酸性水溶液条件下的自修复效果更好。裂隙自修复过程中存在渗透率"先快后慢"的分区特征。首先出现以裂隙面黏土矿物遇水膨胀作用为主引起的渗透率快速下降现象，其下降速度在碱性水溶液条件下更快；其次随着时间的累积，裂隙面岩石矿物溶解、溶蚀形成的离子与水溶液中的阴阳离子、游离 CO_2 发生化学反应，生成高岭石等次生矿物或 $Fe(OH)_3$ 等沉淀物，这些新的物质在裂隙面逐渐吸附堆积，不断降低裂隙的导水能力。初步发现，加大 CO_2 通入量会对酸性水溶液条件下砂质泥岩压剪裂隙岩样的自修复效果产生负面影响。由于实验砂质泥岩中铝硅酸盐矿物含量偏低，无法充分消耗过量的 CO_2，导致多余的 CO_2 溶于水生成的碳酸溶液对裂隙面矿物产生溶蚀作用，从而引起裂隙开度及其水渗流能力的提高，表现出对裂隙岩石自修复进程的阻滞作用。

（7）选取神东矿区地层粗粒砂岩、细粒砂岩、砂质泥岩这 3 类典型岩性岩样，开展了张拉裂隙岩样在中性模拟地下水条件下的水-CO_2-岩相互作用实验（为期近 15 个月），同样获得了裂隙在黏土矿物遇水膨胀以及次生矿物或沉淀物充填作用下的降渗特性与自修复规律。与压剪裂隙岩样相比，张拉裂隙岩样的初始水渗透率更高，降渗过程更缓慢，降渗幅度更低。这与张拉裂隙开度偏大、所需的修复裂隙空间更多密切相关。实验过程中，砂质泥岩张拉裂隙岩样同样呈现出与压剪裂隙岩样类似的"先快后慢"分区降渗特性，但由于其黏土矿物中伊/蒙间层等遇水膨胀作用显著的矿物含量较低，导致其初期快速降渗持续时间明显偏长；而后期的降渗过程则以长石等原生铝硅酸盐矿物与 CO_2 及水溶液发生化学反应生成的次生高岭石、石英等矿物以及 $CaSO_4$ 化学沉淀物对裂隙空间的充填封堵作用为主。对于粗粒砂岩和细粒砂岩的张拉裂隙岩样，由于其黏土矿物含量更低（且主要为高岭石），其降渗过程受黏土矿物的遇水膨胀作用较小，也是以次生矿物和结晶沉淀物对裂隙的充填封堵作用为主；其降渗整体过程相对平缓，并未出现明显的快、慢区分特征。

（8）针对采动破碎岩体，开展了含铁破碎砂质泥岩在酸性水溶液条件下的长期水-岩相互作用实验（为期近 6 个月），得到了岩样水渗透率逐步降低的自修复过程和规律；实验前后破碎岩样的水渗透率变化幅度近 19 倍，表明酸性水溶液对含铁破碎岩体的降渗作用显著。研究发现，其降渗过程呈现 4 个阶段的分布特征：第一，黏土矿物遇水膨胀引起的渗透率急剧下降阶段；第二，长石类原生铝硅酸盐与酸性水溶液离子交换产生的高岭石、绢云母、石英等次生矿物而引起的渗透率波动式小幅下降阶段；第三，铁质沉淀物生成速度加快与生成量增多引起的渗透率快速下降阶段；第四，水溶液的溶解、溶蚀与离子交换化学沉淀作用临近收尾引起的渗透率平缓下降阶段。

（9）开展了采后不同层位地下水交汇混流产生化学沉淀对导水裂隙修复降渗机理的试验研究。结果表明:煤层采后引起的覆岩导水裂隙容易沟通或破坏多层含水层,由于浅层地下水中常含有较多 Ca^{2+},而基岩地下水中 CO_3^{2-}、HCO_3^- 含量偏多,两种地下水在采动覆岩中交汇混流时会产生 $CaCO_3$ 化学沉淀;沉淀物随水迁移并不断吸附于裂隙通道表面,发生包藏—共沉—固结的结垢过程,经过长时间的累积,最终形成具备一定抗蚀能力的结垢物或包结物,堵塞并修复裂隙。室内试验测试发现:这一过程引起的导水裂隙自修复降渗效果相比水-气-岩相互作用产生的效果更为稳定且快速;裂隙岩样受 2 种不同水质模拟地下水混流通过近 2 个月时间后,绝对渗透率即由 0.09 mD 降低为 0.002 5 mD,且在水压 1.5 MPa 条件下也未出现明显渗透性波动。由于这种不同地下水的交汇混流主要发生在开采边界附近的裂隙岩体中,因而覆岩不同区域导水裂隙的自修复过程及效果将出现明显差异。一般而言,工作面中部区域覆岩导水裂隙的自修复主要由降雨入渗过程引起的水-气-岩相互作用引起,而开采边界附近覆岩导水裂隙则由不同地下水的交汇混流反应和水-气-岩相互作用共同主导其自修复,因而后者对应产生的自修复效果要明显偏好。

（10）基于神东矿区补连塔煤矿和大柳塔煤矿典型工作面覆岩导水裂隙自修复的工程案例,揭示了采后覆岩裂隙长期自修复过程的演变规律及其临界条件。结果表明,受覆岩纵向不同层位岩层赋存差异、横向不同区域初始垮裂程度的影响,自修复区域的分布常易呈现离散非连续性,其中间隔的未修复区一般对应于关键层或厚硬岩层位置,且采后年限越短、距开采边界越近,这种离散性越显著。采动裂隙岩体的自修复实际是多因素综合影响下的降渗演变过程,对于神东矿区开采条件,在煤层采后 1.5～2 a 时间内,是以应力压实作用引起的残余沉降为主导影响自修复进程的,这在采区中部覆岩中体现相对显著;而后则一直以采动地下水与裂隙岩体或采空区 CO_2 等气体发生的水-岩或水-气-岩相互作用为主导影响自修复进程,即相关作用过程产生的衍生物对裂隙的充填封堵效果以及裂隙面受冲蚀后粗糙度降低程度直接影响裂隙自修复效果或程度。因此,采后覆岩中是否长期存在水体渗流决定了裂隙岩体实现自修复的难易程度;神东矿区多数矿井覆岩导水裂隙一般直接沟通第四系松散层或地表,且近年雨水充沛,这为采动覆岩中水-岩或水-气-岩相互作用产生及促进裂隙自修复提供了优越条件。

（11）基于采动裂隙岩体或破碎岩体在不同化学特性水溶液条件下的水-气-岩相互作用降渗特征与规律,可开展人工改性地下水、气、岩化学特征以促进岩体裂隙修复的含水层生态修复的保水实践。利用铁/钙质化学沉淀在岩石孔隙/裂隙表面的吸附-固结特性,提出了向采动含水层中人工灌注可与其赋存水体发生铁/钙质化学沉淀,以促进沉淀物封堵修复岩体孔隙/裂隙的含水层修复方法。基于实验室开展的含 $NaHCO_3$ 弱碱水的单裂隙岩样模型和含 Na_2SO_4 中性水的石英砂管模型分别在灌注 $FeSO_4$ 和 $CaCl_2$ 修复试剂过程中的降渗特性实验,得到了 $Fe(OH)_3$ 和 $CaSO_4$ 沉淀物对模拟采动含水层孔隙/裂隙介质的封堵降渗规律,验证了铁/钙质沉淀物的吸附-固结修复能力。由此,提出了人工灌注修复试剂促进铁/钙质化学沉淀封堵岩体孔隙/裂隙的含水层修复方法。从化学软化碳酸盐岩促进岩体结构塑性流变并压密导水裂隙主通道的角度,提出了人工促进裂隙自修复的含水层恢复方法。在覆岩导水裂隙沟通地层含水层的开采区域,由地表向处于导水裂隙带范围内、地层含水层以下的富含碳酸盐岩矿物目标岩层中施工钻孔,通过钻孔向目标岩层导水裂隙主通道发育区域注入酸性化学软化剂,使其与目标岩层中的碳酸盐岩矿物发生充分反应,促使岩体结构软化;如此岩体中的导水裂隙将在采动地层应力的水平挤压与垂直压实作用下逐步闭合,从而降低其导水能力,实现导水裂隙主通道的人工促进自修复与含水层生态恢复。

(12)形成了以水平定向钻孔注浆封堵覆岩导水裂隙主通道为思路的含水层修复对策,指导了高家堡煤矿上覆洛河组含水层注浆堵水的修复实践。对不同层位定向钻孔钻进揭露的导水裂隙类型及其发育特征进行了研究,揭示了水平定向钻孔钻进沿线揭露的裂隙分布类型及其导浆特征;水平定向钻孔由外侧原岩区向采动影响区钻进过程中,会依次揭露开采边界的压剪裂隙、上端张拉裂隙、层间离层裂隙、下端张拉裂隙及采区中部的贴合裂隙,并会因钻孔布置层位不同以及是否"穿层"钻进而存在3种典型的揭露裂隙次序组合类型。处于覆岩导水裂隙主通道分布区域的张拉裂隙及层间离层裂隙,由于其发育开度大,受钻孔钻进揭露后所需的封堵注浆量明显偏高,封堵难度加大。由此,从采动裂隙对封堵浆体的滞留能力、注浆封堵导水通道的有效性,以及钻孔钻进围岩稳定性等方面提出了水平定向钻孔注浆封堵导水裂隙的合理层位确定方法,为水平定向钻孔注浆封堵导水裂隙主通道的含水层保护方法设计提供了指导性建议。从降低开采边界附近导水裂隙主通道发育区内张拉裂隙的开度出发,利用"将局部区域发育的少数大开度贯通裂隙转变为分散大范围发育的多个小开度非贯通裂隙"的思路,提出对采区边界煤柱/体实施钻孔爆破,以松动破坏边界煤柱/体的承载能力,促使上覆岩层发生进一步超前断裂,使得开采边界附近的张拉裂隙趋于闭合,降低其导水能力,实现导水裂隙主通道的人工促进自修复与含水层生态恢复。

参 考 文 献

[1] 许家林.煤矿绿色开采[M].徐州：中国矿业大学出版社,2011.

[2] 鞠金峰,许家林,李全生,等.我国水体下保水采煤技术研究进展[J].煤炭科学技术,2018,46(1):12-19.

[3] 许家林,王晓振,朱卫兵.松散承压含水层下采煤压架突水机理与防治[M].徐州：中国矿业大学出版社,2012.

[4] 伊茂森,朱卫兵,李林,等.补连塔煤矿四盘区顶板突水机理及防治[J].煤炭学报,2008,33(3):241-245.

[5] 朱卫兵,王晓振,孔翔,等.覆岩离层区积水引发的采场突水机制研究[J].岩石力学与工程学报,2009,28(2):306-311.

[6] 中华人民共和国自然资源部.DZ/T 0315-2018 煤炭行业绿色矿山建设规范[Z].2016-6-22.

[7] 许家林.岩层采动裂隙演化规律与应用[M].2 版.徐州：中国矿业大学出版社,2016.

[8] 许家林,朱卫兵,王晓振.基于关键层位置的导水裂隙带高度预计方法[J].煤炭学报,2012,37(5):762-769.

[9] 刘天泉.厚松散含水层下近松散层的安全开采[J].煤炭科学技术,1986,14(2):14-18.

[10] 施龙青,辛恒奇,翟培合,等.大采深条件下导水裂隙带高度计算研究[J].中国矿业大学学报,2012,41(1):37-41.

[11] 高保彬,刘云鹏,潘家宇,等.水体下采煤中导水裂隙带高度的探测与分析[J].岩石力学与工程学报,2014,33(增刊 1):3384-3390.

[12] 孙亚军,徐智敏,董青红.小浪底水库下采煤导水裂隙发育监测与模拟研究[J].岩石力学与工程学报,2009,28(2):238-245.

[13] 胡小娟,李文平,曹丁涛,等.综采导水裂隙带多因素影响指标研究与高度预计[J].煤炭学报,2012,37(4):613-620.

[14] 许家林,王晓振,刘文涛,等.覆岩主关键层位置对导水裂隙带高度的影响[J].岩石力学与工程学报,2009,28(2):380-385.

[15] 王晓振,许家林,朱卫兵.主关键层结构稳定性对导水裂隙演化的影响研究[J].煤炭学报,2012,37(4):606-612.

[16] 杨艳国,王军,于永江.河下多煤层安全开采顺序对导水裂隙带高度的影响[J].煤炭学报,2015,40(增刊1):27-32.

[17] 张杰,侯忠杰.浅埋煤层导水裂隙发展规律物理模拟分析[J].矿山压力与顶板管理,2004(4):32-34.

[18] 王双明,黄庆享,范立民,等.生态脆弱区煤炭开发与生态水位保护[M].北京:科学出版社,2010.

[19] 范立民,马雄德,冀瑞君.西部生态脆弱矿区保水采煤研究与实践进展[J].煤炭学报,2015,40(8):1711-1717.

[20] 武强,黄晓玲,董东林,等.评价煤层顶板涌(突)水条件的"三图-双预测法"[J].煤炭学报,2000,25(1):60-65.

[21] 许光泉,胡友彪,涂敏,等.松散含水体下合理安全煤岩柱高度留设回顾与探讨[J].煤炭科学技术,2003,31(10):41-44.

[22] 许延春.综放开采防水煤岩柱保护层的"有效隔水厚度"留设方法[J].煤炭学报,2005,30(3):306-308.

[23] 涂敏,桂和荣,李明好,等.厚松散层及超薄覆岩厚煤层防水煤柱开采试验研究[J].岩石力学与工程学报,2004,23(20):3494-3497.

[24] 杨本水,王从书,阎昌银.中等含水层下留设防砂煤柱开采的试验与研究[J].煤炭学报,2002,27(4):342-346.

[25] 康永华.采煤方法变革对导水裂缝带发育规律的影响[J].煤炭学报,1998(3):40-44.

[26] 刘建功,赵利涛.基于充填采煤的保水开采理论与实践应用[J].煤炭学报,2014,39(8):1545-1551.

[27] 邵小平,石平五,王怀贤.陕北中小矿井条带保水开采煤柱稳定性研究[J].煤炭技术,2009,28(12):58-61.

[28] 刘玉德,闫守峰,张东升.浅埋薄基岩煤层短壁连采模式及应用研究[J].中国安全生产科学技术,2010(6):51-56.

[29] 彭小沾,崔希民,李春意,等.陕北浅煤层房柱式保水开采设计与实践[J].采矿与安全工程学报,2008,25(3):301-304.

[30] 鞠金峰,许家林.一种钻孔注浆封堵覆岩导水裂隙主通道的水害防治方法:CN107044289B[P].2019-09-03.

[31] 黄德发,王宗敏,杨彬.地层注浆堵水与加固施工技术[M].徐州:中国矿业大学出版社,2003.

[32] 李术才,张霄,张庆松,等.地下工程涌突水注浆止水浆液扩散机制和封堵方法研究[J].岩石力学与工程学报,2011,30(12):2377-2396.

[33] 施龙青,卜昌森,魏久传,等.华北型煤田奥灰岩溶水防治理论与技术[M].北京:煤炭工业出版社,2015.

[34] 许延春,杨扬.回采工作面底板注浆加固防治水技术新进展[J].煤炭科学技术,2014,42(1):98-101.

[35] 虎维岳,吕汉江.饱水岩溶裂隙岩体注浆改造关键参数的确定方法[J].煤炭学报,2012,37(4):596-601.

[36] 湛铠瑜,隋旺华,王文学.裂隙动水注浆渗流压力与注浆堵水效果的相关分析[J].岩土力学,2012,33(9):2650-2655.

[37] Li L C,YANG T H,LIANG Z Z,et al.Numerical investigation of groundwater outbursts near faults in underground coalmines[J].International journal of coal geology,2011,85(3/4):276-288.

[38] 周盛全.煤系岩溶含水层注浆改造参数优化与效果评价[D].淮南:安徽理工大学,2015.

[39] 杨静.地面水平定向钻孔注浆封堵覆岩导水裂隙的合理层位研究[D].徐州:中国矿业大学,2019.

[40] 彭文斌.厚煤层顶板再生性的分类研究[J].湘潭矿业学院学报,1995,10(2):6-8.

[41] 比林斯基,罗捷斯.用胶结顶板方法分层下行开采厚煤层的实验[J].湖南科技大学学报(自然科学版),1983(1):100-108.

[42] 赵和松.顶板再生机理及参数的研究[J].矿山压力与顶板管理,1992(2):30-33.

[43] 王仪.浅谈再生顶板下回采中的几个问题[J].矿山压力,1988(2):40-42.

[44] 宁建国,刘学生,谭云亮,等.浅埋砂质泥岩顶板煤层保水开采评价方法研究[J].采矿与安全工程学报,2015(5):814-820.

[45] JU J F,LI Q S,XU J L,et al.Self-healing effect of water-conducting fractures due to water-rock interactions in undermined rock strata and its mechanisms[J].Bulletin of engineering geology and the environment,2020,79(1):287-297.

[46] 鞠金峰,李全生,许家林,等.地下水化学特征人工改性促进含水层修复的保水方法:CN109209291A[P].2019-01-15.

[47] 鞠金峰,李全生,许家林.含铁污水回灌采煤破坏地层的保/净水方法:CN108104766B[P].2019-05-07.

[48] 鞠金峰,李全生,许家林.高含铁地下含水层受采煤破坏的人工促进修复方法:CN108104814B[P].2020-02-18.

[49] 鞠金峰,李全生,许家林,等.化学软化碳酸盐岩促进采动裂隙自修复的保水方法:CN108590717B[P].2019-11-26.

[50] 钱鸣高,缪协兴,许家林,等.岩层控制的关键层理论[M].徐州:中国矿业大学出版社,2000.

[51] 许家林,钱鸣高.覆岩关键层位置的判别方法[J].中国矿业大学学报,2000,29(5):463-467.

[52] 徐光,许家林,吕维赟,等.采空区顶板导水裂隙侧向边界预测及应用研究[J].岩土工程学报,2010,32(5):724-730.

[53] 国家煤炭工业局.建筑物、水体、铁路及主要井巷煤柱留设与压煤开采规程[M].北京:煤炭工业出版社,2000.

[54] 缪协兴,刘卫群,陈占清.采动岩体渗流理论[M].北京:科学出版社,2004.

[55] 杨天鸿,陈仕阔,朱万成,等.矿井岩体破坏突水机制及非线性渗流模型初探[J].岩石力学与工程学报,2008,27(7):1411-1416.

[56] 杨天鸿,师文豪,李顺才,等.破碎岩体非线性渗流突水机理研究现状及发展趋势[J].煤炭学报,2016,41(7):1598-1609.

[57] 程宜康,陈占清,缪协兴,等.峰后砂岩非 Darcy 流渗透特性的试验研究[J].岩石力学与工程学报,2004,23(12):2005-2009.

[58] 黄先伍,唐平,缪协兴,等.破碎砂岩渗透特性与孔隙率关系的试验研究[J].岩土力学,2005,26(9):1385-1388.

[59] 熊祥斌,张楚汉,王恩志.岩石单裂隙稳态渗流研究进展[J].岩石力学与工程学报,2009,28(9):1839-1847.

[60] 盛金昌,许孝臣,姚德生,等.流固化学耦合作用下裂隙岩体渗透特性研究进展[J].岩土工程学报,2011,33(7):996-1006.

[61] 张金才,刘天泉,张玉卓.裂隙岩体渗透特征的研究[J].煤炭学报,1997,22(5):481-485.

[62] 常宗旭,赵阳升,胡耀青,等.三维应力作用下单一裂缝渗流规律的理论与试验研究[J].岩石力学与工程学报,2004,23(4):620-624.

[63] PYRAK-NOLTE L J,MORRIS J P.Single fractures under normal stress:the relation between fracture specific stiffness and fluid flow[J].International journal of rock mechanics and mining sciences,2000,37(1):245-262.

[64] 申林方,冯夏庭,潘鹏志,等.单裂隙花岗岩在应力-渗流-化学耦合作用下的试验研究[J].岩石力学与工程学报,2010,29(7):1379-1388.

［65］ MIN K B,RUTQVIST J,ELSWORTH D.Chemically and mechanically mediated influences on the transport and mechanical characteristics of rockfractures［J］.International journal of rock mechanics and mining sciences,2009,46(1):80-89.

［66］ 倪绍虎,何世海,汪小刚,等.裂隙岩体高压渗透特性研究［J］.岩石力学与工程学报,2013,32(增刊 2):3028-3035.

［67］ MOORE D E,LOCKNER D A,BYERLEE J A.Reduction of permeability in granite at elevated temperatures［J］.Science,1994,265(5178):1558-1561.

［68］ MORROW C A,MOORE D E,LOCKNER D A.Permeability reduction in granite under hydrothermal conditions［J］.Journal of geophysics research:solid earth,2001,106(增刊 12):30551-30560.

［69］ 中华人民共和国应急管理部,国家矿山安全监察局.煤矿安全规程［M］.北京:煤炭工业出版社,2016.

［70］ 黄庆享,蔚保宁,张文忠.浅埋煤层黏土隔水层下行裂隙弥合研究［J］.采矿与安全工程学报,2010,27(1):35-39.

［71］ 李全生,贺安民,曹志国.神东矿区现代煤炭开采技术下地表生态自修复研究［J］.煤炭工程,2012,44(12):120-122.

［72］ 胡振琪,王新静,贺安民.风积沙区采煤沉陷地裂缝分布特征与发生发育规律［J］.煤炭学报,2014,39(1):11-18.

［73］ 周冰,刘立,ERIC OELKERS,等.CO_2-盐水-泥岩相互作用实验［J］.吉林大学学报(地球科学版),2015,45(增刊 1):1-2.

［74］ GILFILLAN S M V,LOLLAR B S,HOLLAND G,et al.Solubility trapping in formation water as dominant CO_2 sink in natural gas fields［J］.Nature,2009,458(7238):614-618.

［75］ 姜玲.CO_2 地质储存对地下水的环境影响研究:以江汉盆地为例［D］.武汉:中国地质大学,2010.

［76］ 张阳阳.地质封存条件下 CO_2(SO_2)-水-矿物相互作用实验研究［D］.北京:中国地质大学(北京),2015.

［77］ KETZER J M,IGLESIAS R,EINLOFT S,et al.Water-rock-CO_2 interactions in saline aquifers aimed for carbon dioxide storage:experimental and numerical modeling studies of the Rio Bonito Formation (Permian),southern Brazil［J］.Applied geochemistry,2009,24(5):760-767.

［78］ HANGX S J T,SPIERS C J.Reaction of plagioclase feldspars with CO_2 under hydrothermal conditions［J］.Chemical geology, 2009, 265 (1/2):

88-98.

［79］杨国栋,李义连,马鑫,等.绿泥石对CO_2-水-岩石相互作用的影响[J].地球科学(中国地质大学学报),2014,39(4):462-472.

［80］汤连生,周萃英.渗透与水化学作用之受力岩体的破坏机理[J].中山大学学报(自然科学版),1996,35(6):95-100.

［81］乔丽苹,刘建,冯夏庭.砂岩水物理化学损伤机制研究[J].岩石力学与工程学报,2007,26(10):2117-2124.

［82］汤连生,王思敬.岩石水化学损伤的机理及量化方法探讨[J].岩石力学与工程学报,2002,21(3):314-319.

［83］彭汉兴,吕民康,王建平.软弱夹层泥化过程中的水文地球化学作用[J].河海大学学报(自然科学版),1991,19(1):73-78.

［84］FELICE S LA,MONTANARI D,BATTAGLIA S,et al.Fracture permeability and water-rock interaction in a shallow volcanic groundwater reservoir and the concern of its interaction with the deep geothermal reservoir of Mt. Amiata, Italy[J].Journal of volcanology and geothermal research,2014,284(9):95-105.

［85］OSCAR T M,JOAQUIN R,ELVIA D V,et al.Water-rock-tailings interactions and sources of sulfur and metals in the subtropical mining region of Taxco, Guerrero (southern Mexico):a multi-isotopicapproach[J].Applied geochemistry, 2016,66:73-81.

［86］赵延林.裂隙岩体渗流—损伤—断裂耦合理论及应用研究[D].长沙:中南大学,2009.

［87］鲁祖德.裂隙岩石水-岩作用力学特性试验研究与理论分析[D].武汉:中国科学院,2010.

［88］何满潮,周莉,李德建,等.深井泥岩吸水特性试验研究[J].岩石力学与工程学报,2008,27(6):1113-1120.

［89］刘长武,陆士良.泥岩遇水崩解软化机理的研究[J].岩土力学,2000,21(1):28-31.

［90］谭罗荣.关于粘土岩崩解、泥化机理的讨论[J].岩土力学,2001,22(1):1-5.

［91］杨建林,王来贵,李喜林,等.泥岩饱水过程中崩解的微观机制[J].辽宁工程技术大学学报(自然科学版),2014,33(4):476-480.

［92］黄宏伟,车平.泥岩遇水软化微观机理研究[J].同济大学学报(自然科学版),2007,35(7):866-870.

［93］柴肇云,张亚涛,张学尧.泥岩耐崩解性与矿物组成相关性的试验研究[J].煤炭学报,2015,40(5):1188-1193.

[94] LEE J S,BANGA C S,MOK Y J,et al.Numerical and experimental analysis of penetration grouting in jointed rockmasses[J].International journal of rock mechanics and mining sciences,2000,37(7):1027-1037.

[95] AMADEIA B,SAVAGEB W Z.An analytical solution for transient flow of Bingham viscoplastic materials in rock fractures[J].International journal of rock mechanics and mining sciences,2001,38(2):285-296.

[96] GOTHÄLL R,STILLE H.Fracture-fracture interaction during grouting [J].Tunnelling and underground space technology,2010,25(3):199-204.

[97] TANG C A,THAML L G,LEE P K K,et al.Coupled analysis of flow, stress and damage (FSD) in rock failure[J].International journal of rock mechanics and mining sciences,2002,39(4):477-489.

[98] 武强,赵苏启,董书宁,等.煤矿防治水手册[M].北京:煤炭工业出版社,2013.

[99] 董书宁,靳德武,冯宏.煤矿防治水实用技术及装备[J].煤炭科学技术, 2008,36(3):8-11.

[100] 虎维岳.矿山水害防治理论与方法[M].北京:煤炭工业出版社,2005.

[101] 宋万超.高含水期油田开发技术和方法[M].北京:地质出版社,2003.

[102] 郑明科.低渗透油田堵水调剖技术研讨会论文集[C].北京:石油工业出版社,2018.

[103] 付美龙,张顶学,柳建新,等.油田开发后期调剖堵水和深部调驱提高采收率技术[M].北京:石油工业出版社,2017.

[104] 田明.AM/2-EHA类聚合物调剖剂的合成及其封堵性能研究[D].哈尔滨:哈尔滨工业大学,2017.

[105] 柴敬,袁强,王帅,等.白垩系含水地层立井突水淹井治理技术[J].煤炭学报,2016,41(2):338-344.

[106] 乔卫国,孟庆彬,林登阁,等.唐口煤矿主井井筒注浆堵水方案及应用[J].煤炭科学技术,2010,38(2):19-21.

[107] 李海燕,胥洪彬,李召峰,等.深部巷道断层涌水治理研究[J].采矿与安全工程学报,2018,35(3):635-648.

[108] AHMET V,SUEYMAN D.Grouting applications in the Istanbul Metro, Turkey[J].Tunnelling and underground space technology,2006,21(6): 602-612.

[109] LISA H,CHRISTIAN B,ÅSA F,et al.A hard rock tunnel case study: characterization of the water-bearing fracture system for tunnel grouting

[J].Tunnelling and underground space technology,2012,30(7):132-144.

[110] LI S C,LIU R T,ZHANG Q S,et al.Protection against water or mud inrush in tunnels by grouting:a review[J].Journal of rock mechanics and geotechnical engineering,2016,8(5):753-766.

[111] 郭成超.堤坝防渗非水反应高聚物帷幕注浆研究[D].大连:大连理工大学,2012.

[112] TSUJI M,KOBAYASHI S,MIKAKE S,et al.Post-grouting experiences for reducing groundwater inflow at 500 m depth of the Mizunami underground research laboratory,Japan[J].Procedia engineering,2017,191:543-550.

[113] KRISTINOF R,RANJITH P G,CHOI S K.Finite element simulation of fluid flow in fractured rock media[J].Environmental earth sciences,2010,60(4):765-773.

[114] XING H G,YANG X G,DANG Y H,et al.Experimental study of epoxy resin repairing of cracks in fractured rocks[J].Polymers & polymer composites,2014,22(5):459-466.

[115] 刘健,刘人太,张霄,等.水泥浆液裂隙注浆扩散规律模型试验与数值模拟[J].岩石力学与工程学报,2012,31(12):2445-2452.

[116] ROSQUOET F,ALEXIS A,KHELIDJ A,et al.Experimental study of cement grout:rheological behavior and sedimentation[J].Cement and concrete research,2003,33(5):713-722.

[117] HOIEN A H,NILSEN B.Rock mass grouting in the Loren tunnel:case study with the main focus on the grout ability and feasibility of drill parameter interpretation[J].Rock mechanics and rock engineering,2014,47(3):967-983.

[118] JALALEDDIN Y R,HÅKAN S.Basic mechanism of elastic jacking and impact of fracture aperture change on grout spread,transmissivity and penetrability[J].Tunnelling and underground space technology,2015,49(6):174-187.

[119] YU B,ZHAO J,KUANG T J,et al.In situ investigations into overburden failures of a super-thick coal seam for longwall top coal caving[J].International journal of rock mechanics and mining sciences,2015,78(9):155-162.

[120] XUAN D Y,XU J L,WANG B L,et al.Borehole investigation of the effectiveness of grout injection technology on coal mine subsidence

control [J].Rock mechanics and rock engineering,2015,48(6):2435-2445.

[121] JU J F,XU J L.A case study of surface borehole wall dislocation induced by top-coal longwall mining[J].Energies,2017,10(12):2100.

[122] 鞠金峰,朱卫兵,张广磊,等.地面钻孔错动变形反演覆岩破断规律的实验装置及方法:CN106093341B[P].2018-02-13.

[123] 黄炳香,刘长友,许家林.采动覆岩破断裂隙的贯通度研究[J].中国矿业大学学报,2010,39(1):45-49.

[124] 钱鸣高,石平五,许家林.矿山压力与岩层控制[M].2 版.徐州:中国矿业大学出版社,2010.

[125] 刘方亮,毕洪涛.流体力学[M].北京:北京理工大学出版社,2017.

[126] 孟如真,胡少华,陈益峰,等.高渗压条件下基于非达西流的裂隙岩体渗透特性研究[J].岩石力学与工程学报,2014,33(9):1756-1764.

[127] 胡大伟,周辉,谢守益,等.峰后大理岩非线性渗流特征及机制研究[J].岩石力学与工程学报,2009,28(3):451-458.

[128] 贺香兰,周佳庆,魏凯,等.破碎花岗岩非达西渗流的试验研究[J].中国农村水利水电,2017(9):150-155.

[129] 周晓杰,介玉新,李广信.基于渗流和管流耦合的管涌数值模拟[J].岩土力学,2009,30(10):3154-3158.

[130] 钱鸣高,许家林.覆岩采动裂隙分布的"O"形圈特征研究[J].煤炭学报,1998,23(5):466-469.

[131] 顾大钊,张建民.西部矿区现代煤炭开采对地下水赋存环境的影响[J].煤炭科学技术,2012,40(12):114-117.

[132] 张建民,杨俊哲,张凯.煤炭现代开采地下水资源四维高精度探测方法研究[J].神华科技,2012,10(6):27-30.

[133] 李圭白,刘超.地下水除铁除锰[M].2 版.北京:中国建筑工业出版社,1989.

[134] 徐同台,熊友明,康毅力,等.保护油气层技术[M].3 版.北京:石油工业出版社,2010.

[135] 赵伦山,张本仁.地球化学[M].北京:地质出版社,1988.

[136] 王志军,李继震,李圭白.单级滤池曝气接触氧化除铁除锰技术研究[J].给水排水,2015,41(3):13-16.

[137] MATTHEW C T,ANDREW S M,PETER Z F.Ecological restoration and fine-scale forest structure regulation in southwestern ponderosa pine forests[J].Forest ecology and management,2015,348(7):57-67.

[138] 刘国彬,杨勤科,陈云明,等.水土保持生态修复的若干科学问题[J].水土

保持学报,2005,19(6):126-130.

[139] 胡振琪,龙精华,王新静.论煤矿区生态环境的自修复、自然修复和人工修复[J].煤炭学报,2014,39(8):1751-1757.

[140] JU J F,LI Q S,XU J L.Experimental study on the self-healing behavior of fractured rocks induced by water-CO_2-rock interactions in the Shendong coal field[J].Geofluids,2020,2020:1-14.

[141] FU J X,SHANG J,ZHAO Y H.Simultaneous removal of iron,manganese and ammonia from groundwater in single biofilter layer using BAF[J].Advanced materials research,2011,183:442-446.

[142] 钱鸣高,许家林,缪协兴.煤矿绿色开采技术[J].中国矿业大学学报,2003,32(4):343-348.

[143] 鞠金峰,杨静,李全生,等.地面水平定向钻孔注浆封堵覆岩导水裂隙主通道的保水方法:CN108894727B[P].2021-01-19.

[144] JU J F,XU J L,YANG J.Experimental study on the flow behavior of grout used in horizontal directional drilling borehole grouting to seal mining-induced overburden fractures[J].Geofluids,2021,2021:1-12.

[145] 贾红育,曲志浩.注水开发油田油层结垢机理及油层伤害[J].石油学报,2001,22(1):58-62.

[146] 舒干,邓皓,王蓉沙.对油气田结垢的几个认识[J].石油与天然气化工,1996,25(3):176-178.

[147] BAGCI S,KOK M V,TURKSOY U.Determination of formation damage in limestone reservoirs and its effect on production[J].Journal of petroleum science and engineering,2000,28(1/2):1-12.

[148] 肖振舜,汪在芹.减压井灌淤机理的物理化学试验研究[J].水利学报,1994,25(3):19-25.

[149] 吴昌瑜,张伟,孙厚才.减压井淤堵机理研究现状[J].长江科学院院报,2005,22(2):60-62.

[150] 武君.尾矿坝化学淤堵机理与过程模拟研究[D].上海:上海交通大学,2008.

[151] 李识博.高原水库坝基松散介质渗透-淤堵试验及机理研究[D].长春:吉林大学,2014.

[152] DU X Q,WANG Z J,YE X Y.Potential clogging and dissolution effects during artificial recharge of groundwater using potable water[J].Water resources management,2013,27(10):3573-3583.

[153] 李璐,卢文喜,杜新强,等.人工回灌过程中含水层堵塞试验研究[J].人民黄河,2010,32(6):77-78.

[154] 张蕾.硫酸钙在改性粘土颗粒表面的沉积性质研究[D].西安:西安石油大学,2016.

[155] 潘新建,朱立明,王金玉,等.高矿化度油田采出水危害性分析[J].油气田环境保护,2013,23(2):10-13.

[156] 沈建军,唐洪明,王翼君,等.岐口18-1油田沙河街组储层结垢机理及对注水开发影响研究[J].油气藏评价与开发,2018,8(3):40-45.

[157] 鞠金峰,许家林.一种爆破松动边界煤柱/体促进裂隙闭合的水害防治方法:CN107227959B[P].2019-05-07.